记 忆 原 来 是 件 愉 快 的 事 儿

写给孩子的超级记忆法

刘 敏　石伟华◎著

中国纺织出版社有限公司

内 容 提 要

接受学校教育的孩子总是在背诵单词、诗句、古文等内容的过程中感到枯燥和乏味。令人惊奇的是，记忆大师似乎总能毫不费力地快速记下几十副扑克牌、几千个不规则数字。难道是因为这些记忆大师天生拥有超出常人的记忆力吗？世界记忆大师刘敏用寓教于乐的方式告诉我们，记忆是可以学习的，记忆的过程可以是有趣的、愉快的、带来成就感的！

学习超级记忆法，不仅是为了赢得记忆比赛、得到"世界记忆大师"的称号，还是为了挑战自我，并将记忆方法运用到实际的生活、工作、学习中。阅读本书，你也可以愉快地踏上超级记忆的道路！

图书在版编目（CIP）数据

写给孩子的超级记忆法/刘敏，石伟华著. --北京：中国纺织出版社有限公司，2021.9
ISBN 978-7-5180-8645-0

Ⅰ. ①写… Ⅱ. ①刘… ②石… Ⅲ. ①记忆术—少儿读物 Ⅳ. ①B842.3-49

中国版本图书馆CIP数据核字（2021）第126278号

责任编辑：郝珊珊　　责任校对：寇晨晨　　责任印制：储志伟

中国纺织出版社有限公司出版发行
地址：北京市朝阳区百子湾东里A407号楼　邮政编码：100124
销售电话：010-67004422　传真：010-87155801
http://www.c-textilep.com
中国纺织出版社天猫旗舰店
官方微博 http://weibo.com/2119887771
天津千鹤文化传播有限公司　各地新华书店经销
2021年9月第1版第1次印刷
开本：710×1000　1/16　印张：13
字数：174千字　定价：52.80元

凡购本书，如有缺页、倒页、脱页，由本社图书营销中心调换

序 1

为什么要写这本书

自从我拿到世界记忆大师的头衔以后,我一直在思考一个问题:记忆大师到底意味着什么?

从自己计划参加世界脑力锦标赛到自己最终拿到世界记忆大师的称号,可以说每天就是和两样东西打交道,那就是数字和扑克。包括后来中央电视台《挑战不可能》栏目让我去参加节目的录制,依然还是记忆数字。

所以,节目录制完成回来以后,虽然我的知名度较之前有了小小的提高,但是我心中的疑惑依然没有解开:记忆大师到底意味着什么?

直到我的孩子上学以后,因为要背诵很多的古诗、课文,所以经常需要我这个当妈妈的检查背诵,我发现孩子在背诵的时候效率很低,而且背了忘、忘了背,做了很多的无用功。

这时候我突然意识到,如果不是为了参加竞技,如果不是为了比赛和表演,我记忆数字和扑克速度再快,又有何用?

这就像一个运动员,如果不是为了比赛,跑得再快又有何用?跳得再高又有何用?举重再重又有何用?因为现实的生活和工作中没有单靠一项能力就能应对的,而需要的是既能跑得快、跳得高,又能举得重、走得远、放得下。关键还是这一切没有运动场、没有运动服、没有规则和限制,外部的环境和现实的处境随时都会变。这时候,你还能轻松、自由地完成这一系列的动作吗?

想到这些,我才意识到,我必须要把记忆大师在赛场上比拼的技术和能力转化为能够应对任何知识的能力,这才是这项运动真正有意义的地方。

于是,我放弃了向更高级别的记忆大师头衔努力的机会,而转向做学科的记忆法。我希望能够利用我所掌握的方法、技巧,帮助更多的孩子从繁重枯燥的死记硬背中解脱出来。在更短的时间内,轻松地记住更多的知识,而且记得牢、记得全、记得准。

虽然还有很多很多的问题需要进一步去慢慢地钻研和验证，但是经过几年的努力，我也陆续研究和探索出了很多有关学科记忆的方法和技巧。这些方法经过很多的小学生、中学生的实际应用，反映良好，效果明显。

所以，我决定把这些方法中精华的内容整理出来，写成这本书。但是真正在写这本书的时候我才发现，讲课和写书似乎还不是一回事儿。讲课时候感觉轻松、自由，真要把这些东西落到文字上，对我来说还是有一些难度的。最大的难度就是写得慢，太慢了。

偶然有机会与石老师闲聊，他也鼓励我把这些东西写出来。我说正有此意，只是进度缓慢，问他有什么诀窍能写得快点。

于是石老师把他高效写书的秘诀传授于我，并愿意与我合作共同完成此书的创作。这让我更有信心把这本书写完、写好。

希望这本书的内容能够帮助更多的孩子，让学习变得更轻松。这也是我这些年来的最大心愿。

此书出版之日，便是此心愿了结之时。

就这样开始吧。

我努力写好每一句话！

2020.05.20

序 2

也许是个遗憾

从事脑力培训行业也有快十年的时间了,这十年来虽然讲了很多的课,培训了很多的学员,也厚着脸皮出了很多的书。但有一件事却一直是我内心的一个遗憾,那就是:我不是记忆大师。

每次参加各种业界的活动,都会遇到各种级别的记忆大师,有已经是国内大牛的明星级的记忆大师,也有刚刚取得记忆大师头衔的新秀。年轻时还能厚着脸皮过去拍个合影、求个签名,但年龄越大,越感觉到自己的卑微,也就再也羞于凑前了。

自己的年龄越大,越没有信心和勇气去参加记忆大师的比赛了。尽管自己的学生中已经有人拿到了记忆大师的称号,尽管很多人已经通过这套方法通过了从业资格证考试、研究生考试、职称考试等多种考试,但作为老师的我仍然觉得自己本身连"记忆大师"都不是,多少还是有些自卑的。这种自卑感就像自己从来没有读过大学一样,就算我缺少的并不是大学里所学的知识,但是那一段非常有意义的人生体验,却总是让人羡慕不已。

我也曾经无数次幻想着自己像一个战士一样,驰骋在世界脑力锦标赛的战场上,力压群雄、夺冠、拿奖,然后是鲜花、掌声、被人追着要签名、合影。

好吧,我还是把自己的这点虚荣心藏起来吧。因为光彩的背后是艰辛,喧哗的背后是孤寂。

某天,我的学员张同学发微信告诉我说:"石老师,我被首都医科大学录取了。非常感谢您教会了我这套方法,对我考研起到了很大的帮助!"

这一刻,我突然明白了,人活在这个世界上,除了荣耀和光环,还有一种幸福叫"被感恩"。十几年来,每次收到这样的消息,我都会倍感欣慰。在这一刻,名誉、收入、地位,什么都不是。

于是,我想帮助更多的人,哪怕是为了让我有更多的机会体会这种特别的幸福感。但我能做的,一是讲课,二是写书。

恰逢刘敏老师有写书的计划，于是厚着脸皮说，带上我吧，让我也有机会能与记忆大师齐名。尽管说完后我才发现自己还是那么爱慕虚荣。

欣慰的是，刘敏老师非常愿意和我合作。在专业技术方面她远胜于我，在写作技巧方面我略胜于她。两人相互取长补短，相辅相成，于是一本以这种方式合作的书诞生了。

在我认识的记忆大师中，刘敏老师是第一个基本靠自学成为记忆大师的人。所以在刘敏老师身上潜藏着很多优秀的品质、良好的习惯，当然还有过硬的本领和绝佳的方法。这些都是我希望通过这本书的合作能够学到的。

希望这本书出版的时候，我的个人水平也能再迈一个新台阶。

能力在变，初心不改。

写出更多的好书，以谢天下。

2020.05.20

目录

第一章　快速记忆的基础知识 ·· 001
    认识大脑 ·· 001
    大脑的思维模式 ··· 003
    记忆宫殿的原理 ··· 008
    记忆宫殿不是万能的 ·· 013

第二章　快速记忆的基本步骤 ·· 015
    形象记忆原理 ·· 015
    形象转化训练 ·· 020
    形象记忆实战 ·· 028

第三章　快速记忆的核心技术 ·· 035
    连锁奇像法（图像串联） ·· 036
    故事奇像法（情节串联） ·· 042
    定位奇像法（定桩串联） ·· 046
    拓展知识：地点桩的扩展与管理 ··· 053

第四章　学科知识的应用 ··· 054
    古诗、古文、文章的记忆 ·· 054
    政治、历史、地理的记忆 ·· 066
    物理、化学、生物的记忆 ·· 069

第五章　英语的记忆应用 ··· 073
    英文记忆体系 ·· 074

英文单词记忆 ……………………………………… 078

英文文章记忆 ……………………………………… 098

第六章 数字快速记忆体系 …………………………… 102

数字形象转化 ……………………………………… 105

数字记忆方法 ……………………………………… 115

数字记忆的应用 …………………………………… 118

第七章 升级大脑——思维导图 ……………………… 124

思维导图简介 ……………………………………… 124

思维导图的绘图技巧 ……………………………… 129

思维导图的思维训练 ……………………………… 135

思维导图的应用 …………………………………… 145

第八章 大脑超频——竞技记忆 ……………………… 152

世界几大赛事 ……………………………………… 152

比赛项目 …………………………………………… 159

参赛流程 …………………………………………… 167

训练过程 …………………………………………… 168

收获及意义 ………………………………………… 172

编外一：从记忆讲师到记忆大师 ……………………………… 173

编外二：从三尺讲台到央视舞台 ……………………………… 181

编外三：从竞技比赛到舞台表演 ……………………………… 189

编外四：我眼中的"记忆大神" ………………………………… 195

后记 ……………………………………………………………… 197

第一章 快速记忆的基础知识

宸宸：妈妈，为什么有的小朋友那么聪明呢？

妈妈：我们家宸宸也不笨啊！你为什么会认定别的小朋友比你聪明呢？

宸宸：可是在学校，很多时候，他们背课文、背古诗的速度要比我快很多。

妈妈：原来是这样啊！看来在我们宸宸的心里，只要背课文快了，就是非常聪明了？

宸宸：是的，有时候我读十遍也背不下来，有些小朋友读三遍就背下来了。

妈妈：那你想不想让自己也拥有这样快速记忆的能力呢？

宸宸：当然想，可是一想到你在参加记忆大师比赛时的训练，我就没兴趣了，那些训练一点意思也没有。

妈妈：那我们就想办法把这些训练变得有趣、好玩啊！

宸宸：好啊！好啊！

妈妈：那咱们就从认识自己的大脑开始吧！

认识大脑

宸宸：妈妈，大脑里面到底有些什么？我们每天学习的知识都装在什么地方了？

妈妈：大脑的生理结构非常复杂，不过我们可以把大脑想象成一台存储空间无限的超级电脑。里面有芯片，所以我们才能进行分析、运算、推理。里面有硬盘，所以我们才能把很多很多的信息记住。

宸宸：那为什么有的东西能记住，有的东西记不住呢？比如我看过一部动画片，里面的好多情节我都能记住，但是老师上课讲的很多知识就记不住。这是为什么呢？

妈妈：这是因为我们的大脑记忆并不完全像记忆的硬盘一样，只要保存在里面，随时都可以提取出来。我们的大脑虽然也能储存很多很多的信息，包括我们每天看到的、听到的、感受的所有信息都会保存在大脑中。但是和电脑不一样的是，我们经常不知道这些信息存储在大脑的哪个区域，所以回忆的时候在大脑中找不到它们的位置，也就回忆不出来了。

宸宸：那怎样才能知道它们保存在哪里呢？

妈妈：不要着急。听我慢慢给你解释。大脑之所以有记忆，是因为外界的信息对大脑皮层产生了刺激。这个刺激越强，我们的记忆就越深刻。这个刺激越弱，记忆就越浅，越容易遗忘。

宸宸：什么是刺激？是不是像电影里那种非常恐怖的画面，还是像坐过山车那种刺激？

妈妈：你说的这些都是，但刺激还有很多种。我们每天感受到的一切都是刺激。通过眼睛看到的是图像的刺激，通过耳朵听到的是声音的刺激，通过身体体验到的是触觉的刺激。除了这些，你每天开心地笑、悲伤地哭、愤怒地发脾气等也是刺激，这些属于情绪的刺激。

宸宸：我经常哭、也经常笑，可我记不清是因为什么事情才哭和笑了，这是为什么呢？

妈妈：那是因为这些刺激还不够。你还记得从小让你最害怕的一件事吗？

宸宸：当然记得。小时候去动物园，手里拿到你刚刚给我买的玩具小汽车，非常开心，爱不释手。可是走到猴山的时候，一只猴子突然跑过来把它抢走了，还把我的手也抓破了。

妈妈：这么多年了，你还记得这么清楚。那你知道为什么你单单对这件事情记忆这么深刻吗？

宸宸：是不是因为我特别喜欢那个玩具汽车？

妈妈：不完全对。主要是因为这件事对你产生的刺激特别强烈。你可以想想从小你有那么多的玩具汽车，也已经有好多的玩具被你弄丢了或者送给其他的小朋友了，也有很多你特别喜欢的玩具被自己玩坏了。但是你能说出这些玩具弄丢或者损坏时的情景吗？

宸宸：不记得了。有些玩具长什么样子我都不记得了。

妈妈：所以，能让你记清的原因是刺激强烈。我再来举一个例子，还记得去年我们一家去爬泰山吗？

宸宸：当然记的，泰山的景色好美啊！

妈妈：是的，这是因为美丽的景色对你的大脑产生了强烈的刺激。不过妈妈要问的是，我们在上山和下山的途中遇上了很多很多游客，你还记得你见过的每位游客的模样吗？

宸宸：妈妈，你开玩笑吧？！这怎么可能？！

妈妈：是的，就算妈妈是记忆大师，也不可能记住。但是我们曾经遇到过一位特殊的登山者，我相信你一定记得。

宸宸：妈妈，你是说那位没有双腿，靠双手爬到山顶的"英雄"吗？

妈妈：太对了。为什么你会清晰地记得这位"英雄"呢？

宸宸：因为其他的游客都太普通了，没有什么特别之处。而他虽然没有双腿，但是靠双手艰难地一步步向上爬，很让人感动。当时还有很多人围观拍照呢！

妈妈：没错。就是因为他特别、与众不同，所以对你大脑产生的刺激就更大，你的记忆就更深刻啦！

宸宸：妈妈，我明白了。可是，这些刺激的大小、强弱，都不是我能控制的啊！我想记住的东西刺激不够强烈怎么办？

妈妈：是的。这就是我们要学习的。比如记忆大师要记住一副洗乱的扑克牌的顺序，如果只是把每张牌看一遍，不采用任何的方法和技术，那对人脑产生的刺激太弱了。但是如果我们能够通过大脑的想象，把这些简单、平淡、微弱的刺激变成有意思的、新奇的、强烈的刺激，就能加深记忆的效果了。

宸宸：听上去好像很多道理，但是我还是不知道怎么做？

妈妈：不要着急，我一点一点地教，你一点一点地学。很快你就能为像妈妈一样的记忆高手了。

大脑的思维模式

宸宸：妈妈，为什么有的小朋友画画特别漂亮，而有的小朋友数学学得特别棒。

他们的大脑结构有什么区别吗？

妈妈：这个说起来就复杂了。咱们可以简单地了解一下。人类的大脑分为"左脑"和"右脑"，左脑和右脑分管着不同的功能。

宸宸：是不是像学校的里学习委员和体育委员一样分工？

妈妈：可以这样比喻。但是大脑的分工是按它处理信息的类型来分类的。简单讲，我们可以通过下面这张图来了解一下大脑的分工。

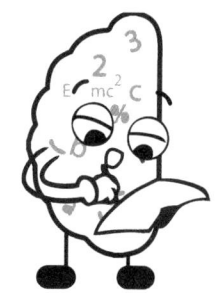

我是大脑的左脑，我的名字叫"学术脑"，我分管数学、逻辑、语言、分析、推理、文字等。

我是大脑的右脑，我的名字叫"艺术脑"，我分管图像、音乐、想象、韵律、情感、创意等。

妈妈：看到了吗？左脑和右脑分管的内容是不一样的。有的小朋友左脑特别发达，所以他们的数学就特别好。有的小朋友右脑特别发达，所以他们的艺术才能就比较好。

宸宸：那有的小朋友背古诗、背课文特别快，是属于左脑发达还是右脑发达呢？

妈妈：说到记忆啊，我们必须先来了解一下大脑的记忆模式。

宸宸：前面您不是已经讲了吗？记忆是由于大脑受到刺激而产生的。刺激越强烈，记忆就会越深刻。

妈妈：是的。但那不属于记忆的模式。我们人类大脑常见的记忆模式有下面这几种：

声音记忆

妈妈：声音记忆是通过耳朵听到声音而产生的记忆。比如你们在学校里面背古诗、背课文，用到的就是这种**声音记忆**模式。

宸宸：是不是就是读出声音的模式。

妈妈：严格地讲，大脑能记住所读出来的内容，并不是因为咱们的嘴巴读出了声音，而是因为咱们的耳朵听到了声音。你还记得小时候那些朗朗上口的儿歌吗？像"门前大桥下，游过一群鸭……"

宸宸：快来快来数一数，二四六七八……

妈妈：是的。到现在你仍然能记得这首儿歌。但是你小时候并没有自己读或者自己唱过几次这首儿歌，只是平时在你玩玩具、吃饭的时候、在哄你睡觉的时候，妈妈会在你身边小声地播放这首歌。反复地播、反复地播。可能你到现在已经听过几百遍甚至几千遍了。所以你对这首歌的记忆会特别深刻。

宸宸：那是不是很多的小朋友都能记住电视广告中的经典广告词，也是因为这句广告词听了很多很多遍的原因啊？

妈妈：是的。声音记忆模式是最直接的记忆，特别是对于文字信息或者能形成声音的信息记忆非常有效。比如朗朗上口的古诗、儿歌、非常好听的音乐，都可以通过声音记忆的模式记住它们。

宸宸：前几年流行的神曲《忐忑》，是不是只能通过声音记忆的模式来记住啊？

妈妈：是的，特别是对于不懂乐谱的人来说，只能靠声音记忆了。

宸宸：啊哦……啊哦诶……啊嘶嘚啊嘶嘚……

逻辑记忆

宸宸：妈妈，是不是所有的信息都可以通过声音记忆来记住呢？

妈妈：看上去似乎是这样。其实我们生活中有很多的东西是不需要声音记忆的。很多的东西只要我们理解、明白了，自然就能记住。这种记忆模式称为**逻辑记忆**。

宸宸：什么是逻辑？

妈妈：逻辑就是推理和理解。生活中很多的常识都是通过逻辑记忆来完成的。比如你每天早上起来是先穿鞋子还是先穿袜子呢？

宸宸：妈妈您真搞笑。肯定是先穿袜子啊！先穿鞋子的话，袜子怎么可能穿得进去？

妈妈：是的，这就是逻辑记忆。因为你能够明白必须先穿里面的袜子，否则袜子就穿不进去了。这就是鞋子和袜子的逻辑关系，它们之间有里外、大小的逻辑关系。我们并没有刻意去记"要先穿袜子再穿鞋子"，但是却能轻松地记住这个顺序，就是因为它们之间的这种逻辑关系。

宸宸：哈哈，妈妈，我觉得这根本不用记，难道还有人会搞错顺序不成？

妈妈：智力正常的孩子都不会搞错。但是你每天早上穿袜子的时候是先穿左脚还是先穿右脚呢？

宸宸：这个真不一定。可能很随意吧，又没有专门规定先穿哪只脚。

妈妈：太对了。我们之所以记不住，就是因为左脚和右脚在穿袜子这个问题上没有逻辑关系。没有了逻辑关系，我们就无法通过逻辑记忆的模式来记住它们。

宸宸：有点明白了，逻辑记忆能提高记忆的速度吗？

妈妈：那当然，后面我会详细地告诉你如何通过逻辑记忆来提高记忆的效率。其实你在日常的学习中也经常用到逻辑记忆。前面你说有的小朋友数学成绩特别好，其实就是这些小朋友的逻辑能力好。逻辑推理能力强了，逻辑记忆的能力就会强，对数学运算方法的记忆就比其他的小朋友更加深刻，数学成绩自然就会好很多。

宸宸：原来是这样啊。那数学好的小朋友每天早上起来是不是固定要先穿哪只脚的袜子呢？……

妈妈：……

宸宸：为什么有些小朋友数学不好，但是看过的动画片能记得那么清楚呢？

妈妈：是啊。虽然有些小朋友数学不好，但在艺术方面表现得特别优秀，特别是画画方面。这和记住动画片的情景是一个道理，因为他们的图像能力非常好。这也是大脑记忆的另一种模式。

图像记忆

宸宸：图像记忆就是背图片吗？

妈妈：**图像记忆**是大脑自然记忆的一种模式。比如你能记住妈妈长什么样子就是靠图像记忆。虽然世界上有很多人的形象和妈妈非常相似，可能我们留着同样的发型，有相似的身高、体型。甚至可能穿着一样的衣服，戴着一样的眼镜，画着一样的妆。但是你仍然能一眼认出哪个是妈妈，这就是靠大脑的图像记忆。

宸宸：这种记忆有什么用呢？

妈妈：图像记忆是大脑记忆效率最高的一种记忆模式。比如下面的这张图片，如果不让你看，而是由我来给你描述这张图片上有什么，你觉得你能记住多少？

宸宸：我觉得应该能记住很多吧？

妈妈：有这种可能，但是可能需要很长的时间。比如楼房是什么样的？树是什么样的？房子是什么颜色的？背景上有什么？这些细节，是很难全部记清楚的。

宸宸：我觉得我能记清啊？

妈妈：那是因为你已经看到了这幅画。如果你根本没有看到，只是听我讲呢？你觉得你听到的画的样子和实际的样子会完全一样吗？

宸宸：如果仅仅是听，可能画的样子要靠自己的想象了。

妈妈：是的。但是如果允许你看这张画五秒钟呢？这五秒钟你能记住的内容多，还是仅仅靠听我讲这幅画五分钟记住的内容多呢？

宸宸：我觉得看五秒钟的印象肯定会更加深刻啊！因为眼睛看到了具体的颜色、形象、布局等信息啊。

妈妈：太对了。这就是大脑的图像记忆，也是大脑记忆效率最高的一种模式。

宸宸：但是学校里要求记忆的都是文字啊！背课文是文字、背古诗还是文字，记英语单词也是文字。学校老师又不要求我们记这种画！

妈妈：是的。这也是我们要学习的重点内容。每个记忆大师最基本的能力就是把看到的枯燥文字信息变成图像信息。你还得妈妈在训练记忆大师的时候画的那些你看不懂的画吗？那就是把文字信息转换成了图像信息。

宸宸：怪不得妈妈记扑克牌速度那么快，原来是把扑克牌转换成了图像啊。但我还是不明白是怎么转换成图像的？

妈妈：不要着急。我们需要一步步来。

记忆宫殿的原理

宸宸：妈妈，记忆大师们用的方法都是一样的吗？

妈妈：基本原理都是一样的，具体的方法上稍有区别。

宸宸：是什么基本原理呢？

妈妈：那是一种叫"记忆宫殿"的方法。

宸宸：记忆宫殿？是电视剧里传说的那种记忆宫殿吗？

妈妈：是的，差不多，但并不像电视剧作品中描述的那样简单，实际上比那个要复杂得多。

宸宸：哦！为什么叫"记忆宫殿"，这个宫殿是什么呢？是国王的宫殿吗？

妈妈：这个宫殿，是指要在自己的大脑中建立一座神奇的宫殿。以后，我们需要记忆的所有内容，都要保存到这个宫殿中。

宸宸：在大脑中怎么建立宫殿呢？我还是不明白。

妈妈：那我们来体验一个简单的例子吧！让你也体验一下记忆大师们是如何记忆的。

宸宸：好啊好啊！

妈妈：来，你跟我来！

宸宸：妈妈，我们要去哪儿啊？不是要体验建记忆宫殿吗？

妈妈：别着急，你跟我来！

……

妈妈：好了，咱们准备开始。

宸宸：怎么开始啊？

妈妈：我问你，咱们现在在哪里啊？

宸宸：在家里啊！

妈妈：我知道在家里，我是问具体在家里哪个位置？

宸宸：咱家门口啊！

妈妈：好的，记住这个位置。这是第一个位置。

宸宸：哦，记住了。我们是要走迷宫吗？

妈妈：不是迷宫。你别着急，跟着我的要求做就是了。

宸宸：好的。第一个位置，是咱们家门口。

……

妈妈：第二个位置，鱼缸。

宸宸：好的，记住了。

妈妈：第三个位置，沙发。

宸宸：嗯。

妈妈：第四个位置，茶几。

宸宸：茶几。

妈妈：第五个位置，客厅的窗户。

宸宸：窗户。

妈妈：第六个，书架。

宸宸：妈妈，我们要记多少？

妈妈：那就先这六个吧。你来回忆一下试试，看能不能回忆出来。

宸宸：是要按顺序说一遍吗？

妈妈：你按顺序指给我就可以。（此时要刻意强化图像的作用，而不是背诵词语。）

宸宸：……

> 入户门——鱼缸——沙发——茶几——窗户——书架

妈妈：很好。第二步我们要做的就要难一点了。

宸宸：好的，我努力。

妈妈：在咱家门口，放着你的二胡。

宸宸：我的二胡放在爷爷奶奶家了。

妈妈：不是真要把二胡放这里，而是通过你大脑的想象，把二胡放在这里。

宸宸：哦，想象。好了，我想象出来了。

妈妈：很好。接下来想象，在鱼缸里趴着一只大鳄鱼。

宸宸：这个好恐怖啊！

妈妈：没关系，大胆想象就可以。放心吧，咱家的鱼缸里又不是真的有鳄鱼。

宸宸：好了，想象出来了。

妈妈：很好，那咱们继续。下一个，想象在沙发上有个婴儿在爬着玩。

宸宸：婴儿是不会走路的小朋友吗？

妈妈：你就想象那种只会满世界爬的小娃娃就可以。

宸宸：好了，想象出来了。

妈妈：茶几上放着一把扫把。

宸宸：为什么要把扫把放到茶几上？

妈妈：咱们先不想为什么，先把这个场景想象出来。

宸宸：好的，想象出来了。

妈妈：窗户上有一个漂亮的女人在跳舞。

宸宸：是谁在跳舞？

妈妈：谁都可以，你可以随便想一个你熟悉的会跳舞的演员。

宸宸：好了，我想象的是昨天晚上在电视上跳舞的那个外国女演员。

妈妈：可以的。好了，还有最后一个，在书架上堆了一个雪山。

宸宸：是堆雪人那样吗？

妈妈：是的，就是用雪堆一座小山出来。

宸宸：好的，堆好了。

妈妈：好的，非常好。现在能按顺序回忆出刚才的每个场景吗？

宸宸：……

```
入户门——放着我的二胡
鱼缸——趴着一只鳄鱼
沙发——有一个婴儿在爬
茶几——上面放着一个大扫把
窗户——有个外国女演员在跳舞
书架——堆了个小雪山
```

妈妈：不错，非常棒。

宸宸：可是，记这些有什么用呢？

妈妈：你知道我们刚才记的是什么吗？其实刚才我们记了六张扑克牌的顺序。

宸宸：什么？这里面哪有扑克牌啊？

妈妈：其实咱们刚才按顺序记下了这六张扑克牌。

     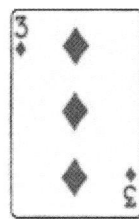

宸宸：可是妈妈，我不明白刚才的内容和这些扑克牌有什么关系？

妈妈：其实啊，刚才咱们第一步按顺序记住的六个位置就是传说中的记忆宫殿。

宸宸：可是我没感觉到记忆宫殿啊？宫殿在哪里呢？

妈妈：咱们的家就是宫殿啊！只是咱们家的宫殿小了点，哈哈。

宸宸：可是没感觉到啊？只是用了咱们家客厅的这一点点地方啊！

妈妈：是的，因为只是为了让你体验一下，所以就只用了咱们家的这一点地方。其实咱们家其他的房间也可以放到大脑中作为记忆宫殿的一部分。

宸宸：是不是把咱们家所有的房间都放到大脑中，就成了记忆宫殿了？

妈妈：不仅是咱们家的房间，大脑中的记忆宫殿可以有很多很多的房间。可以把咱们自己家、爷爷奶奶家、姥姥姥爷家、姑姑家、舅舅家、以及你的好朋友的家都放到大脑里。还有妈妈的培训学校、你的幼儿园、爸爸的办公室以及你最喜欢去的超市、游乐场、公园等地方都放进你的大脑里。这些场景一个一个地都放进你的大脑以后，你的大脑里就有了一个非常大的记忆宫殿了。

宸宸：哦，我明白了。可是，你说刚才记忆的是那六张扑克牌，与这有什么关系呢？

妈妈：刚才咱们通过想象在上面放的几样物品，就是扑克牌。

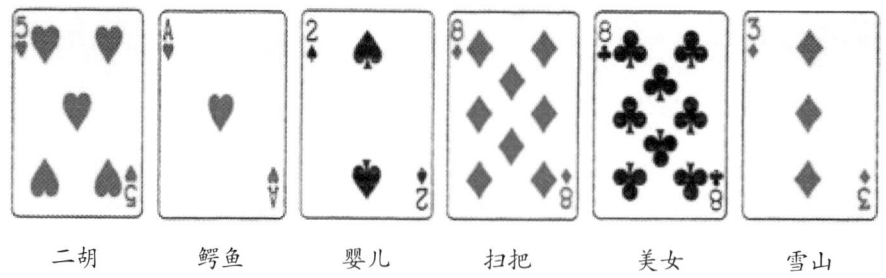

二胡　　　鳄鱼　　　婴儿　　　扫把　　　美女　　　雪山

妈妈：每张扑克牌对应一个图像。只要把这些图像在大脑中摆放的位置记住了，就等于记住了扑克牌的顺序。

宸宸：哦。我明白了，是不是把每张扑克牌都转换成一个固定的图像就可以了。

妈妈：是的。咱们后面会专门来学习如何把每张扑克牌转换成图像。因为除了扑克牌，还要学习如何把数字转换成图像，如何把词语转换成图像，如何把人名、头像、不规则图像、英语单词等很多很多的信息转换成图像。

宸宸：哦！所有的东西都能转换成图像吗？

妈妈：也不完全是。只是从记忆的角度，想记忆的内容都可以通过一定的办法转换成图像。这也是记忆大师们必须掌握的一项技术。

宸宸：哦，可是我还是没明白这与前面在大脑中建立记忆宫殿又有什么关系呢？

妈妈：我们把东西转换成图像后，就能记住它们了吗？比如上面的六张扑克牌，把它们都转换成图像以后，你就能记住这六个图像的顺序了吗？

宸宸：好像是可以吧？

妈妈：哈哈。孩子，你想得太简单了。如果仅仅是记六张扑克牌，当然是可以做到了。如果记忆的是10张扑克牌呢？20张呢？50张呢？100张呢？你要知道，记忆大师们都可以一次性记忆500张甚至几千张扑克牌啊！

宸宸：哦，那确实做不到。所以，我们必须要建一座宫殿来存储这些图像？

妈妈：太对了。咱们可以把需要记忆的信息比喻成商品，当商品只有几件几十件的时候，可以直接堆放到一个房间里。但是当商品达到几百件甚至成千上万件的时候，就需要对商品进行分门别类，然后分别摆放到不同的房间、不同的货架上。所以，要想在大脑中保存很多很多的信息，就必须要建造一座非常大的记忆宫殿。

宸宸：哦，我明白了。那记忆宫殿肯定是越大越好了。

妈妈：不仅仅要建得大，还要熟记每个房间的样子。

记忆宫殿不是万能的

宸宸：妈妈，是不是只要我建好了自己的记忆宫殿，就可以把所有的知识都装进去啊？

妈妈：那还真不一定。有很多的知识并不是记忆宫殿能装进去的。

宸宸：什么样的知识装不进记忆宫殿呢？

妈妈："记忆宫殿"之所以叫"记忆"宫殿，是因为它主管的是"记忆"。所以，它只能保存一些方便记忆的信息。如果我们想要保存的不是记忆，而是一种方法，一些技巧，一些理论，可能记忆宫殿就无能为力了。

宸宸：我还是没听懂，方法和技巧不需要记忆吗？

妈妈：似乎也需要记忆，但是仅仅记忆是不能解决问题的。比如你们学习的珠心算，虽然里面的一些内容也需要记忆，但是单单靠记忆是学不会珠心算的。因为除了要记住里面的一些口诀，更多的还是要真正地理解这些口诀的用途，并且不断地训练，才能真正掌握这门技术。

宸宸：哦，那语文的知识是不是都能装进记忆宫殿呢？

妈妈：也不是。能装进记忆宫殿的只有古诗词、课文等的背诵，或者一些其他的文学常识。但是像阅读理解、写作文这样的能力，就没有办法装进记忆宫殿。

宸宸：那像音乐、舞蹈这样的知识呢？

妈妈：这个吧，应该这样来理解。对于那些不懂音乐、舞蹈的人来说，如果非要去记忆乐谱或者舞蹈动作，可以利用编码技术进行图像转换，然后保存到记忆宫殿中。但是这只代表可以记下来，但是根本没有什么用处。因为对于这种类型的知识的记忆，如果非要用记忆宫殿来记，是完全没有办法和传统的记忆比拟的。比如你哼一首曲子、跳一段舞，本来完全是靠声音记忆或者自然的肌肉动作记忆就可以轻松完成的。如果非要用记忆宫殿来记忆，那跳舞的时候，岂不是要一边快速地在大脑的记忆中宫殿中查找位置、图像，一边把图像翻译成乐谱或者一个个的舞蹈动作，再展示出来。这样的音乐和舞蹈，估计也没法听、没法看了。

宸宸：我明白了，记忆宫殿还是以记忆文字性的内容为主吧。

妈妈：对于学习来说，大概可以这样理解。如果说纯是为了比赛或者表演，可以记的内容还有很多。

宸宸：比如呢？

妈妈：比如可以记忆数字、扑克牌……

宸宸：这个我知道了。还有啥我不知道的吗？

妈妈：比如像人的脸、人的指纹、钥匙、树叶、各种不规则的花纹等，这些都可以记忆。

宸宸：树叶也可以记吗？不是经常有人说"世界上没有完全相同的两片树叶"吗？

妈妈：就是因为有区别，所以才可以记忆啊！

宸宸：噢，妈妈，我好像明白了！

妈妈：嗯，你要学习的还有很多哦！

第二章 快速记忆的基本步骤

宸宸：妈妈，为什么记忆大师记东西特别快呢？

妈妈：因为他们采用图像记忆模式。

宸宸：如何开启图像记忆模式呢？

妈妈：……

宸宸：妈妈，既然图像记忆是各种记忆模式中效率最高的，那是不是我记什么东西都用图像记忆啊？

妈妈：其实记忆不同的内容，应该选择对应的记忆模式。

形象记忆原理

妈妈：图像记忆也可以叫"形象记忆"。就是把很多比较难记的、抽象的东西转化成形象的东西来记忆。这就是形象记忆最基本的方法。

宸宸：那具体应该怎么记呢？

妈妈：说起来其实很简单，就是把想记忆的内容都转化成图像，然后把图像通过一定的方法联结起来，并保存在大脑中。

宸宸：怎么保存？怎么联接？大脑又不是U盘？！

妈妈：别着急，很快你就明白了。我们一点点地学，先来看个例子吧。

> 第一行左侧为蓝色长方形，中间为紫色圆形，右边为绿色十字形。第二行左侧为黄色月牙形，中间为红色三角形，右边为粉色圆形。

妈妈：如果让你用最快的时间把上面这段话的大体意思记下来，你会如何记呢？

宸宸：很简单啊，只需要认真读几遍就记下来了。因为它只有不到两行字啊！

妈妈：是的，这就是最传统的记忆方法——"死记硬背"法。其实咱们可以尝试一些更便捷的记忆方法。你知道什么是理解记忆吗？

宸宸：知道啊，老师经常说"要先理解后记忆"！

妈妈：对的，那你先慢慢把上面这段话认真理解一下吧。

宸宸：好的……我理解了。

妈妈：说说看。

宸宸：这段话讲的是六种不同颜色不同形状的图形的分布。可以把它们整理成一个表格的形式。

蓝色	紫色	绿色
长方形	圆形	十字形
黄色	红色	粉色
月牙形	三角形	环形

妈妈：很厉害嘛。这样看上去是不是要比刚才的两行字清晰得多了。

宸宸：是的，不过这也不好记啊。

妈妈：是的，到这一步，还不能算是形象记忆。这个方法应该算是逻辑记忆。

宸宸：逻辑记忆？就是"先理解再记忆"吗？

妈妈：是的。但如果我们再稍微作一些改进，就变成形象记忆了。你来看下面这个图表。（注：作者石伟华的微信公众号中可查看对应的彩色图片）

宸宸：哇！真漂亮。这就是刚才那段文字的意思转换出来的图形吗？

妈妈：是的。这样是不是记忆起来更轻松了啊？

宸宸：是的，看两眼就能记住了。这就是形象记忆？

妈妈：是的，其实还有更好的方法。

宸宸：还有更好的方法？

妈妈：当然有啊！你再来看下面这两幅图。

宸宸：这是什么？

妈妈：你感觉像什么？

宸宸：这就是刚才的那六个图形吧！

妈妈：对啊。不过你现在仔细看看，重新组合出来的这两个图形像什么？

宸宸：右边的这个像一把手枪。

妈妈：那左边的呢？

宸宸：左边的这个，不知道。想象不出来。

妈妈：如果把红色的三角形想象成一个跷跷板，那这个图像组合像什么呢？

宸宸：哦，我知道了。太阳和月亮在坐跷跷板！

妈妈：太对了。

宸宸：可是为什么要组合成这样？

妈妈：咱们先不说组合的好处。你现在闭上眼睛能准确地回忆出这6个图形吗？

宸宸：我试试……第一行是长方形、圆形、十字形，第二行是三角形、月牙形、环形。

妈妈：哦？

宸宸：好像不对。第二行第一个是月牙形，第二个是三角形。

妈妈：这次对了。但是，你知道你为什么会记得不是特别清楚吗？

宸宸：不知道，是不是专注力不够？

妈妈：不是的。单纯的图像记忆虽然比声音记忆效果要好，但并不能过目不忘。如果在图像记忆的基础上再加上逻辑记忆，效果就会好很多。

宸宸：这怎么加？

妈妈：现在我们就来说说为什么要组合那两个图形。其实那两个图形组合的目的是让图形与图形之间产生逻辑关系。比如你说右边的图形像一把手枪，那这把"手枪"的形象和三个单独的图形之间就产生了一种逻辑关系。你还记得手枪的枪口是指向哪个方向吗？

宸宸：当然记得，是指向左边的。

妈妈：很好，也可以说是指向那个月亮的。既然记得枪口是指向左边的，那就可以根据枪的样子推理出，这个"手枪"组合的最左边的图形肯定不是圆形，也不可能是十字形，只能是长方形。

宸宸：噢，我明白了。如果记得枪口是向左的，那最左边的图形就是长方形。

妈妈：太对了。那下面的一组现在能记清了吗？

宸宸：能记清了。太阳和月亮在坐跷跷板，左边坐着月亮，右边坐着太阳，中间是跷跷板那个三角形。

妈妈：很棒！现在你还会把顺序记错吗？

宸宸：通过这一组合和想象，想记错都不可能了。

妈妈：你知道为什么吗？

宸宸：是想象了组合出来的图形起到了帮助作用。

妈妈：是的。其实是"逻辑"起了作用。因为组合出来的图形是我们每个人都熟悉的物品，这些物品有它们自身的逻辑。比如手枪的枪筒不可能在枪的中间，跷跷板必须是一人坐一边。这些都是我们已经熟知的逻辑，有了这些逻辑的帮助，再去记忆这些形状的时候，就不会产生错误的记忆了。

宸宸：原来是这样啊。

妈妈：其实逻辑记忆也属于形象记忆的一种，只是在这里更注重是图像的逻辑。比如现在要求你记住下面几个词语的顺序，你该如何记呢？

> 我、石头、狗、树林

宸宸：这个很简单啊，我只需要读三遍就记住了。其实我现在已经记住了。

妈妈：是啊，但是时间长了，你还能记住它们的顺序吗？

宸宸：这个不知道。

妈妈：其实，只要给它们加上一组有逻辑的图像，就能轻松记住了，而且一般不会忘。

宸宸：什么是逻辑图像？

妈妈：就是一组看上去很有道理的图像组合。比如，"我拿起石头去打狗，把狗吓得跑进了树林。"

宸宸：哦，这就是逻辑图像啊，那我明白了。只要我大脑中想起这个图像。我先捡起石头，才能打狗，然后狗才会跑进树林。

妈妈：对，就是这意思。如果我把这几个词的顺序换一下呢？你该如何组合图像的逻辑呢？

> 树林、狗、石头、我

宸宸：让我想想。"树林里跑出来一只狗，跳过一块大石头冲我扑了过来。"

妈妈：很好啊。这就是图像的逻辑啊。狗从树林里跑出来，先要跳过一块石头，然后再扑到我身上。

宸宸：没扑到我身上，是冲我扑了过来。我不会躲开嘛？！

妈妈：好吧！好吧！你厉害！

宸宸：那当然，我不仅大脑反应快，我身体反应也很快。

妈妈：别吹牛，来把下面的这些词都用逻辑图像的方法按顺序记下来吧！

> 第一组：书包、课本、鞋子、家门
> 第二组：盘子、肥皂、米饭、桌子
> 第三组：铅笔、老师、作业、讲台
> 第四组：飞机、火锅、上海、父母
> 第五组：手机、眼镜、英语、医院

形象转化训练

宸宸：妈妈，什么是形象的东西，什么是抽象的东西？

妈妈：所谓抽象，就是当你看到一个词语的时候，不能在大脑中形成一个对应的图像。比如我说"小狗"，你想到了什么？

宸宸：我想到姥姥养的"小狗"。

妈妈：我说"老师"，你想到了什么？

宸宸：我想到我们的语文老师张老师。

妈妈：这样的词语就属于形象词，这些词语可以让人直接在大脑中想象出一个对应的形象。

宸宸：那还有不能形成图像的词语吗？

妈妈：有啊，比如我说"努力"这样的词，能在大脑中形成图像吗？

宸宸：我想到自己在跑步比赛时努力奔跑的样子。

妈妈：好吧。这个算你想出来了，那如果我说的词语是"如果"呢？

宸宸：没关系，不用如果，你说就行，我肯定能想出来！

妈妈：我说的词语是就"如果"啊！

宸宸：如果什么？

妈妈：要求你想象图像的词就是"如果"。rú——如，guǒ——果！

宸宸：这个……

妈妈：想不出来了吧？

宸宸：好像不能一下子就想出来。

妈妈：对，这种词就叫"抽象词"。

宸宸：那这样的词语在记忆的时候，怎么才能形成图像呢？

妈妈：这就是今天咱们要学习的内容。我们把这种能力叫"词语的图像转化能力"。

宸宸：抽象词有很多吗？为什么非要进行转化呢？

妈妈：比如现在要求记忆的是下面的一组词语，你看用前面的方法能记住吗？

现实、制度、交流、管理、深奥、无限、思索、丢失、漫长、防止

宸宸：这都是些什么词啊，我们小孩子根本用不到啊！

妈妈：这些词都属于抽象词。不像前面的动物、植物、人、玩具、生活用品、大自然等词语，我们在大脑中能形成一个固定的图像。如果现在就要求记住这些词语，那怎么办？

宸宸：如果非要记的话，我没有办法。只能死记硬背了。

妈妈：所以，我们要学习一种可以将这些词语转换成图像的方法。

宸宸：这还能转换？怎么转换呢？

妈妈：其实方法也很简单。你还记得网络上比较流行的词语"蓝瘦香菇"是什么意思吗？

宸宸：这个呀！就是"难受想哭"的意思！哈哈哈哈。

妈妈：很好啊。其实呢，这就是抽象词转换成形象词最常用的一种方法，我们称之为"谐音法"。

宸宸：什么邪音法？就是不正常地发音吧？

妈妈：哈哈。是谐音，不是邪音。谐音就是根据接近的发音把一个词语转换成另一个词语。就像把"难受"变成"蓝瘦"，两个词语的发音是不是非常接近啊？

宸宸：我明白了。是不是有些人把"版主"称为"半猪"也是用的谐音。

妈妈：哈哈哈哈，这个我还是第一次听说。

宸宸："同学"不叫"同学"，而叫"童鞋"，也是谐音吧。

妈妈：是的。不过这些网络用语虽然也是通过谐音的方法转换的，但和我们学习的还不一样。因为网络用语中有些语词本身就是形象词，只是大家为了好玩才做了转换。我们学习这种方法，是为了任何词语都能转换成图像。而且我们要的是转换速度要快，回忆时要准确。

宸宸：那是要把每个词语的转换都记住吗？

妈妈：你觉得这样可能呢？你知道汉语中有多少词语吗？

宸宸：很多吗？我知道光常用汉语有2000多个。

妈妈：那是单个的字。字与字组合出来的两字词、三字词以及成语等，那就太多太多了。仅仅新华字典中收录的词语就有几十万个。

宸宸：几十万？哇！

妈妈：所以，你还觉得要一个个都背下来吗？

宸宸：不背了。

妈妈：我们只需要学会一种方法，任何词语都可以自由转换了。

宸宸：好啊！好啊！那这种方法好学吗？

妈妈：好学，非常好学。我们刚才说的谐音法就是其中的一种。现在咱们就一起来学习"谐音法"吧！

谐音法

宸宸：噢！虽然我知道那种方法叫谐音法，可是我自己还是不会转换啊！

妈妈：没关系，咱们一点一点地学习。当我们看到任何一个词语的时候，就先把它的拼音想出来。

宸宸：这个我能做到，实在不认识的字我还可以查字典呢！

妈妈：很好啊！只要你知道这个词中的每个字读什么，就能学会谐音法。比如"时刻"这个词，应该怎么转换呢？

宸宸：时刻？时刻准备着？

妈妈：哈哈。这不是谐音。谐音必须是按词语的发音来转换。最直接的方法是两个字一起转换。就是在大脑中搜索一下，有没有和"时刻"发音接近的其他词语。

宸宸："时间"算吗？

妈妈："时间"和"时刻"的发音差别太大了。这根本不是一个发音。必须要发音相同，至少要接近才可以。

宸宸：我想不出来了。

妈妈：没关系，如果想不出来，就可以用比较笨的方法。把这个词拆成单个的字，每个字都去找一个发音接近的字。比如第一个字是"时"，你能想到的发音相近的字有哪些？

宸宸：这太多了。

> 十、石、食、拾、实

宸宸：妈妈你看，我一下就想出这么多！

妈妈：其实这还远远不够，因为你写出来的这些，都是拼音和声调完全一样的。你还可以把声调不一样的字也想出来。

宸宸：哦！这也可以啊。

事、史、师、湿、狮、是、使、市、式、士、诗、室、试、视、世、势、饰、始

宸宸：妈妈，这也太多了，估计要写一天。

妈妈：好。那咱们就把这些字中，能够快速形成图像的保留一下。

宸宸：我想想，能够直接形成图像的有：

石、食、师、狮、室

妈妈：很好，咱们就暂且用你找出来的这些。接下来再把第二个字也列一下吧。

宸宸：与"刻"发音相同的字有：

克、课、客、科、可、棵、渴、壳、磕、咳、瞌

宸宸：这些够用了吗？

妈妈：多少都可以。你还要把你认为能够直接出图的字挑出来。

宸宸：好的。

课、客、壳、磕、咳

妈妈：很好啊。第一字保留了五个。第二个字也保留了五个。现在就可以从这五五组合中找到你最满意的答案了。

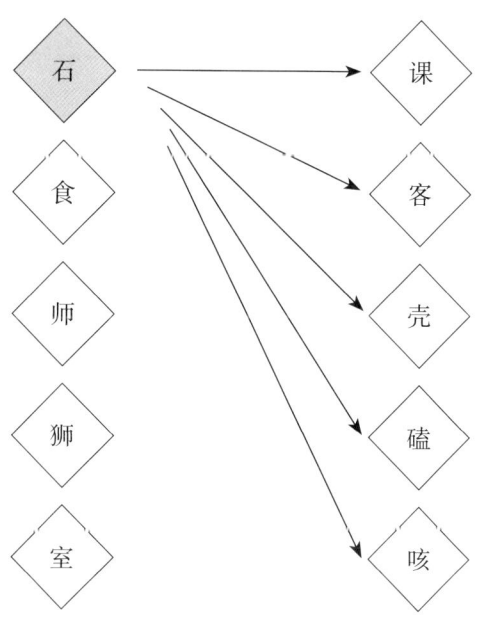

妈妈：从第一个"石"开始，我们可以组成五个词：

石课、石客、石壳、石磕、石咳

宸宸：这都是什么词啊？我一个也没见过！

妈妈：不要着急，我们可以把所有词都列出来。

石课、石客、石壳、石磕、石咳
食课、食客、食壳、食磕、食咳
师课、师客、师壳、师磕、师咳
狮课、狮客、狮壳、狮磕、狮咳
室课、室客、室壳、室磕、室咳

妈妈：上面这一堆词语中，你觉得哪个词你最容易出现图像呢？

宸宸：我觉得"食客"是最容易出现图像的，就是我们家来的客人是一位"吃货"！

妈妈：哈哈，好吧。还有哪些也可以形成图像呢？

宸宸：像"石壳、狮咳、师课"好像也可以。唉，您觉得"石刻"怎么样？就是用石头刻出来的东西。

妈妈：当然可以啊！只要这两个组合在一起，能够帮你在大脑中形成一个图像，就可以用啊。

宸宸：不过这种方法似乎太麻烦了。这要转换一个词语，要做这么多的工作，还不如我死记硬背来得快呢！

妈妈：是的，你说得太对了。但我之所以这样展开，只是为了让你更好地理解谐音法的转换过程。在实际转换的时候，根本不需要把所有字都写出来，当然更不需要把所有可能的组合都列出来。

宸宸：那怎么转换呢？

妈妈：只需要按上面的方法，闭上眼睛转换就可以啊！

宸宸：闭上眼睛怎么转换？要在脑子里把上面词语都列出来，然后选择？

妈妈：不用这么麻烦的。只需要把两个字的读音先在脑子里过一遍。比如

shī shí shǐ shì —— kē ké kě kè

妈妈：然后就可以在大脑中随意地组合了。

shīkē、shíkě、shìkè、shíkē、shǐkě、shìké

宸宸：这是胡乱试吗？

妈妈：这正是我们要训练的。刚开始的时候，可能试十个词都试不出来，等熟悉了，几秒钟甚至一秒钟也不用就可以转换出来了。

宸宸：哇！这么快啊！

妈妈：是的，凡事都遵循"熟能生巧"的规律。只要多加训练，就会越用越熟练。

宸宸：那多久才能做到熟能生巧呢？

妈妈：这个不好说，有的人几天就能练得很好，有的人可能几个月才能找到感觉，有的人练了几年了还是不上道儿！

宸宸：那是为什么呢？是不是有的人就格外笨呢？

妈妈：不是的，主要还是看训练的量。有的人每天训练几百个甚至上千个词语的转换，而有的人每天连十个词语也训练不了。当然训练效果不一样了。

宸宸：哦！我明白了！那我也要每天训练1000个。

妈妈：好啊！那咱们来一起做个比较"变态"的练习吧！

宸宸：什么是"变态"的练习？

妈妈：别急。你看，咱们一起把下面的内容转换成图像吧。

练习材料　请用谐音法将下面的内容转换成图像。

茕茕子立沆瀣一气
踽踽独行醍醐灌顶
绵绵瓜瓞奉为圭臬
龙行龘龘犄角旮旯
娉婷袅娜涕泗滂沱
呶呶不休不稂不莠
　　　　印
呲嗟蹀躞耄耋饕餮
囹圄蕣荑觊觎龃龉
狄轭齬轩怙恶不悛
亓霺虵虵腌臜孑孓
陟罚臧否针砭时弊
鳞次栉比一张一翕

意会法

宸宸：妈妈，有些词语虽然也是抽象词，可是我觉得不需要转换也能产生图像啊？

妈妈：比如呢？

宸宸：比如"难过"这个词，我就想到一个小朋友在难过地哭。这不就是很好的图像吗？

妈妈：你说得太对了。这也是抽象词转图的一种方法，我们管这种方法叫"意会法"。

宸宸：意会法？

妈妈：是的。所谓"意会法"，就是根据词语本身的意思，直接想象一个与之有关系的图像。前面咱们说的"谐音法"是根据词语的发音来转换的，而"意会法"是根据词语的意思来转换。

宸宸：那如果不理解意思呢？

妈妈：那就没办法了。要么去查字典看看这个词语是什么意思，要么就用原来的谐音法来转换。

宸宸：这种转换方法有什么好处吗？为什么还要再学一种方法？有谐音法不够用吗？

妈妈：意会法最大的好处就是转换的速度快。特别是对自己熟悉的词语，能够快速地在大脑中产生一个对应的图像。速度可以快到几秒甚至一秒都不到。

宸宸：真的这么快吗？

妈妈：我们可以来看下面的这些词语，感受一下吧。

> 缓慢、贫穷、幸运、推理、工作
> 查找、复杂、预备、愉快、跟随

妈妈：比如第一个词"缓慢"，当你看到这个词语的时候，你第一时间想到的是什么？

宸宸：我想到的是，一只蜗牛在慢慢地爬。

妈妈：很好啊，这个"一只蜗牛在慢慢地爬"的图像就可以代表"缓慢"这个词。这种方法就是"意会法"。

宸宸：这就是意会法啊？就是根据这个词的意思想出一个图像呗！

妈妈：是的，就是这意思。再比如，说到"贫穷"你想到什么？

宸宸：我想到路边的乞丐。

妈妈：幸运呢？

宸宸：我买彩票中了500万大奖。

妈妈：很好啊。意会法还有一个需要注意的地方。比如第一个词"缓慢"，蜗牛的爬行是缓慢，乌龟的爬行也是缓慢，《疯狂动物城》里面的树懒的表现也是缓慢，早上太阳从东方升起也是缓慢。

宸宸：那究竟用哪一个好呢？

妈妈：最好是用大脑看到这个词语后第一个出现的图像，这在心理学上叫"潜意识"反应。也就是说这个图像对你来说是最有代表性的，是完全没有通过理性地思考而直接跳出来的画面。而后面再出现的其他的画面就是理性思考的结果了。

宸宸：什么是"潜意识"，什么是"理性思考"，听不懂！

妈妈：没关系，你只需要记住，尽可能用大脑看到词语后脑子里出现的第一个画面就好。

宸宸：明白了。

妈妈：那好，我现在来提问一下，看你是不是真的记住了。

宸宸：提问什么？

妈妈：路边的乞丐代表的是哪个词语？

宸宸：代表的是"贫穷"。

妈妈：蜗牛呢？

宸宸：缓慢。

妈妈：彩票呢？

宸宸：彩票……500万……我想起来了，是"幸运"。

妈妈：很棒。现在感觉这种方法是不是要比"谐音"法快很多啊？

宸宸：是的，这种方法确实太快了。

妈妈：那咱们就用这种方法来练习一下抽象词转图像吧。

练习材料 请用意会法将下面的词语转换成图像，并把图像简要写到后面的空格中。

勇敢：_____   努力：_____

社会：_____   非法：_____

紧凑：_____　　团结：_____

神奇：_____　　交易：_____

选择：_____

机会：_____

形象记忆实战

妈妈：今天我们来做游戏好不好？

宸宸：今天不学习记忆方法了？

妈妈：这个游戏就是为了更好地学习记忆方法啊！

宸宸：还可以边玩游戏边学习？

妈妈：是的。如果你能把这个游戏玩好，对后期的训练会有很大帮助的。

宸宸：好啊！好啊！那我们玩什么游戏呢？

妈妈：我们来玩摆玩具的游戏。

宸宸：什么是摆玩具的游戏？这怎么玩呢？

妈妈：现在去你自己的房间找出十件不一样的玩具出来。

宸宸：好的。

（宸宸找出的十个玩具如下）

> 玩具枪、悠悠球、卡通兔子的橡皮、魔方、宝剑
> 乒乓球、遥控汽车、智能手表、恐龙、一盒拼图

宸宸：玩具找好了，下一步怎么玩？

妈妈：现在你按我的要求把这十样东西放到指定的位置。

宸宸：好的。

妈妈：你动作要快一点哦！

宸宸：好，我用最快的速度奔跑。

妈妈：好，那我们开始了。第一个，把魔方放到电视机上面。

宸宸：放好了。

妈妈：第二个，把恐龙放到茶几上。

宸宸：完成。

……

> 魔方——电视机上
>
> 恐龙——放到沙发上
>
> 智能手表——客厅的窗台上
>
> 卡通兔子的橡皮——烟灰缸里
>
> 宝剑——立在暖气边上
>
> 乒乓球——放到我手里
>
> 一盒拼图——放到茶几的下层
>
> 悠悠球——放到沙发靠背上
>
> 玩具枪——放到鞋柜上
>
> 遥控汽车——放到你房间门口的地板上

妈妈：很好，完成得很快啊。现在我们的游戏正式开始了。再给你30秒钟时间，你要记住每个玩具所在的位置。30秒后我就要打乱了。

宸宸：30秒？太短了吧，一分钟行吗？

妈妈：就30秒。不尝试怎么知道自己做不到呢？做好准备，3、2、1，开始！

宸宸：（一边小声咕哝，一边快速地把10个玩具的位置浏览了一遍。）

妈妈：时间到。

宸宸：哈哈！我记完了！欧耶！

妈妈：那我要开始打乱了。

宸宸：打乱吧。

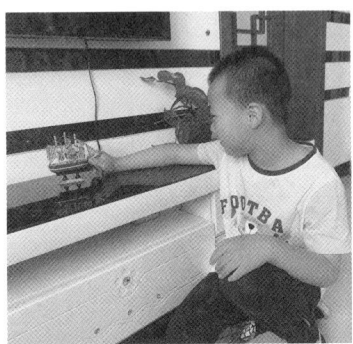

（注：家长带孩子在家玩这个游戏的时候，最好每件物品放好后，都用手机拍照。防止后面因为家长和孩子记忆的内容不一样有矛盾时，谁也不承认自己记错了。）

妈妈：（把所有玩具全都收到了客厅的地板上。）

宸宸：妈妈，你这叫打乱吗？你太赖皮了吧？

妈妈：我认为这就是最高级别的打乱！哈哈哈哈。别抱怨了，现在把10件玩具恢复到刚才的位置吧。

宸宸：（很不情愿地按自己的回忆，一件件地尝试放回刚才的位置。）

妈妈：加油！还剩下最后两个了。

宸宸：妈妈，这两个实在想不起来了。魔方和手表应该在哪儿呢？

妈妈：你可以试着把它们放在某个地方，然后回忆一下，刚才有没有这个场景，如果感觉很陌生，那就是放错地方了。

宸宸：还可以这样，我试试。（拿起魔方和手表，在屋里好多地方去尝试。）

妈妈：怎么样？还能回忆起来吗？

宸宸：我想起来了，手表是在窗台上。但是魔方记不清了，是在电视机上面还是在电视机下面呢？

妈妈：实在想不起来就蒙一个吧，哈哈哈哈。

宸宸：那我就蒙在电视机上面吧。

妈妈：哈哈哈哈。恭喜你，全部答对了。

宸宸：欧耶！全对了！

妈妈：别高兴得太早了，这才是最简单的，你还不能做到百分百有把握，那后面高难度的怎么办呢？

宸宸：啊？还有高难度的啊？

……

妈妈：现在我们来做第二级难度。

宸宸：第二级难度是什么？

妈妈：为了保证不受刚才记忆的图像的干扰，你重新找十个玩具过来。

宸宸：妈妈，每次都要用新的玩具吗？我哪有那么多的玩具啊？

妈妈：也不一定非得是你的玩具。学习用品、日常用品、什么东西都可以。

宸宸：那好办。（很快找来的十样物品。）

> 钥匙、手机、拖鞋、玻璃杯、筷子
> 电池、香烟、手套、铅笔、指甲刀

妈妈：我们这一轮的要求是这样的。我会依次把这样十样物品举起来给你看，然后告诉你每件物品应该放在什么位置。但不会真的放过去，你必须通过大脑的想象把它们"放到"指定的位置。听明白了吗？

宸宸：你只说一遍吗？这也太难了吧？

妈妈：我会说得慢一点，第一次可以等你点头确认我再说下一个。而且最后可以给你一次提问的机会。

宸宸：啊？只能提问一个啊？两个行吗？

妈妈：就一个，再得寸进尺一次提问也没有了。

宸宸：……

妈妈：好，准备好了吗？开始，第一件物品……

（注：此过程省略，读者可以在家里按上面的要求自行体验。为了防止家长们也记错，最好是有第三者边听边记或者提前写出对应的位置。）

妈妈：好了，给你30秒闭上眼睛回忆一遍。有需要提问的吗？

宸宸：……好像没有要提问的。

妈妈：可以啊，很厉害啊。现在开始复原吧！

宸宸：太简单了。（复原中……）

妈妈：看来我是小看我们家宸宸了。

……

妈妈：现在咱们来挑战第三级难度吧！

宸宸：还有很三级啊？一共多少级？

妈妈：今天就挑战这三级。这第三级难度可是要比前面的二级难得多啊！你要有足够的心理准备啊！

宸宸：放心吧妈妈，我一定能行！我现在就去找东西。

妈妈：等等，这次不用找东西了。

宸宸：不用了？那怎么玩？

妈妈：第三级的难度是这样的。你只需要听我说，我会依次告诉你有哪十样东西，分别放在咱们家的什么位置。你必须边听边在大脑中想象我说的东西放到指定位置的样子。为了稍微降低难度，我会说两遍。第一遍速度慢一些，第二遍我会快速地说一遍。

宸宸：这也太难了吧。万一你说的东西我不知道是什么怎么办？

妈妈：放心吧，都是你天天见的东西。也都是咱们家里有的东西。

宸宸：那好吧！开始吧。

妈妈：准备好，我开始说了。第一件物品是……

（注：此过程省略，读者可以在家里按上面的要求进行。为了防止家长们也记错，最好在说的时候同步进行录音或者用笔记下来。）

妈妈：好，现在我要快速地重复一遍了……

宸宸：好了，没问题了。

妈妈：看起来很厉害啊！那开始复原吧！

宸宸：好的。不对啊，妈妈。没有东西，我怎么复原？

妈妈：你怎么这么搞笑啊！哈哈，你也拿嘴说不就行了？

宸宸：哦。好吧。第一件物品是……

妈妈：看来我们家宸宸确实是很厉害。居然在第三级难度一个没错。

宸宸：妈妈，那我是不是也能称得上是记忆大师了？

妈妈：你知道记忆大师玩这种游戏的速度是多快吗？

宸宸：多快？

妈妈：至少是一秒钟记一个？甚至能达到一秒记三至四个。

宸宸：啊？！

对此游戏再作一些额外的补充说明。家长们在家带孩子玩这个游戏的过程中，应该注意几点：

一、如果是同一天内玩多次时，请一定要注意：

1.每次要用不同的物品；

2.每次要放在不同的位置；

3.刚开始玩的时候可以不考虑物品的顺序，只要物品和位置的对应关系对就可以。

二、如果隔一天或者更长时间后，可以重复前一天的使用物品和地点。但是同一天内仍然不能重复使用相同的物品和地点。

三、此游戏可以设计多级难度。

1星级难度：由孩子亲自动手摆放物品。

2星级难度：由家长动手摆放物品，孩子只用眼睛看。

3星级难度：家长举起物品，并指示应该摆放的位置，如上文中的二级难度。

4星级难度：家长带领孩子依次指定位置，并说明应该放置的物品，但没有物品实物。

5星级难度：地点和物品都靠口述完成，如上文中三级难度。

6星级难度：制作两种卡片：一种上面写着地点，一种上面写着物品。每次从两边分别抽一张给孩子看一眼。连续抽十次，只通过眼睛看来完成记忆。然后把抽出来的卡片打乱，由孩子来依次匹配。

无穷级难度：增加记忆物品和地点的数量，如可以将数量从10个增加至20个甚至50个。

经常带孩子玩这个游戏，对后期的宫殿记忆法的学习有很大帮助。此游戏可以帮助孩子很好地锻炼大脑对图像的想象能力，而且还有挑战性，比较有趣，比单纯地对着书本、资料训练要有意思得多，不至于枯燥无聊，孩子们都喜欢。

如果有条件，还可以在室外组织很多小朋友一起玩。在室外找一些安全的地点和一些形状相对大一些的玩偶，每次由一个小朋友出来挑战，其他小朋友每人挑一个玩偶去一个地方站着，由挑战的小朋友负责记忆。至于难度级别可以根据小朋友们的年龄大小和上面几级难度作参考，选择适合的难度。这样，小朋友们既能锻炼图像记忆的能力，又能活动身体，还觉得非常有趣。

以上游戏适合5~8岁的孩子。再小的孩子或者再大点的孩子也可适当体验，根据实际情况对游戏难度和游戏方式作适当地调整。

此游戏也可用于公司的团建活动。成人进行游戏时，最好是分组进行，把数量增加到20个以上。在选择物品时，可以选择形状、特点极其相似的物品，在选择地点时也可以在一个地点放2件物品或者把一件物品放到另一件物品之中等。通过类似的变化来增加游戏的难度，让游戏在比拼的过程中更具有挑战性和趣味性。

第三章 快速记忆的核心技术

宸宸：妈妈，有什么好的方法快速记忆词语啊？

妈妈：记忆词语的方法太多了。

宸宸：最好学的是什么？

妈妈：……

宸宸：妈妈，我看很多记忆大师表演，可以在很短时间内记住很多很多的内容。他们有什么诀窍吗？

妈妈：诀窍有很多，我们先从最基本的开始学起吧。

宸宸：好啊。不过，前面不是已经学习了很多方法了吗？

妈妈：是的，前面已经学了如何将抽象词转换为图像。但是我们还没有真正地实战过，接下来咱们就来一起实战好不好？

宸宸：实战？是枪战吗？

妈妈：哈哈。不是那个实战，是记忆词语的实战。就是随意写出10个、20个甚至更多的词语，我们要用最快的速度按顺序记下来。

宸宸：噢！好吧，20个是不是太多了啊？咱们先从10个开始好吗？

妈妈：好的。十个也可以，那妈妈也给你个机会，让你考考妈妈。

宸宸：什么机会？

妈妈：现在你在这张纸上随意写下十个词语，什么词语都可以。写好后扣在桌面上，然后拿起秒表。你说开始后，我再翻开这张纸开始记忆，看我记完你写的十个词语需要用多长时间？

宸宸：好啊！好啊！真的是随便写吗？

妈妈：是的，什么词语都可以。当然不是你自己胡乱造的词语啊，必须是大家都知道的、经常用的词语。

宸宸：没问题。

（书写中……）

宸宸：好了。准备……开始！

妈妈：（翻开纸张，上面写着十个词语。）

> 变形金刚、秒表、老师、三明治、绿色、月亮、爸爸、快速、白纸、惊讶

（注：请读者朋友们也尝试按顺序记一下上面的十个词语，并记录下记忆所用的时间）

妈妈：记完了！（把纸扣回到桌面上）

宸宸：哇！不可能吧，这还不到十秒钟。8.17秒！

妈妈：这一点也不奇怪，每个记忆大师都能做到，甚至还可以更快。

宸宸：哇！这么牛啊！这个我能学会吗？

妈妈：当然可以，不过先不要想着十秒记完，我们先把方法学会了再慢慢提升速度吧。

宸宸：好啊好啊！

连锁奇像法（图像串联）

妈妈：第一种方法叫连锁奇像法，也有人管这种方法叫图像串联法。

宸宸：图像串联？什么意思？

妈妈：简单讲，就是把需要记忆的词语转换成一个一个的图像……

宸宸：这个前面不是已经学过了吗？谐音法、意会法等。

妈妈：别着急啊。前面咱们只是学习了如何转换，转换成图像以后，还要把这些图像一个接一个地串联起来，让它们变成一个连接在一起的图像链。

宸宸：什么叫串联？

妈妈：串联就是在图像与图像之间通过想象一个动作，让两个图像发生关联，从

而记住这两个链接在一起的图像。

宸宸：还是没听懂。

妈妈：没关系，咱们通过上面的例子来说明一下。比如刚才的词语中，最开始的两个词语是"变形金刚"和"秒表"。现在首先要做的是想象出这两个物品的样子。

宸宸：随便想吗？

妈妈：你可以想象你最喜欢的"变形金刚"和你最熟悉的"秒表"。

宸宸：好了，想好了。

妈妈：然后再通过想象，让这两个物品发生关系。

宸宸：什么叫发生关系？

妈妈：就是让两个物品能够联系到一起。比如：变形金刚抓起了秒表、变形金刚一拳砸碎了秒表。这些动作都可以。

宸宸：可以想象变形金刚变成一个秒表吗？

妈妈：也可以，但是暂时先不要这样想象，后面我会告诉你为什么。现在要求想象出来的联结要两个物品都存在才行，它们两个可以相互作用，比如碰撞、运动、破坏等。

宸宸：那我就想象变形金刚从怀里掏出一个秒表。

妈妈：可以。那后面的一个词语是"老师"，现在先想象出老师的样子。

宸宸：随便哪个老师都可以吗？

妈妈：最好是你最熟悉的老师。

宸宸：那我就选我们张老师。

妈妈：好的。下一步就要想象刚才的秒表和老师如何发生关系了？

宸宸：变形金刚把秒表交给了张老师，这样可以吗？

妈妈：可以是可以，但是不够生动，容易忘。最好是能想象一个特别有趣的、特别夸张的图像。

宸宸：什么叫夸张的图像？

妈妈：比如，你可以想象在秒表上站着一个人，仔细一看，这个人就是你们的张老师。

宸宸：哈哈哈哈。妈妈，人怎么可能站在秒表上呢？

妈妈：所以，这才叫夸张的图像。这种场景在咱们的现实生活中是不可能出现的，但是可以通过想象让它们在大脑中呈现。这就是夸张的想象。

宸宸：哈哈哈哈。这也太夸张了吧，我们张老师居然比秒表还要小。

妈妈：那你可以想象这个秒表比张老师要大啊！

宸宸：上哪里去找那么大的秒表？

妈妈：只要你想象，你的大脑里什么都可能会出现。

宸宸：好吧。那我能不能想象秒表就像是一个宝盒一样，盖子打开，张老师从里面跳了出来？

妈妈：当然可以，这个想象就更生动、更夸张了。

宸宸：哈哈，太有意思了，不知道张老师知道了会不会打我？

妈妈：不会的。想象越奇怪、越夸张，你的记忆就会越深刻。你还记得最早咱们在讲大脑记忆的原理的时候说的吗？记忆是由于大脑皮层受到了刺激而形成的，你想象的图像越奇特、越夸张，对大脑皮层产生的刺激就越大，你的记忆就会越深刻。

宸宸：哦。那是不是可以随便想，怎么夸张都可以啊？

妈妈：是的。你要觉得已经学会了这种想象的方法，就来试试下面的词语吧。

宸宸：是要一直夸张下去吗？

妈妈：你试试吧。下一个词语是"三明治"，你该如何串联呢？

宸宸：老师抱着一个超大的三明治。

妈妈：可以，下一个词语"绿色"。

宸宸：绿色的什么？

妈妈：就是"绿色"，我也不知道是什么。这可是你自己写的词语啊！

宸宸：啊！

妈妈：哈哈哈哈，自己挖的坑，自己跳进去了吧！自己想办法爬出来吧。

宸宸：可以用绿色的纸吗？

妈妈：用什么都可以，前面咱们学过的"意会法"你忘了？只要能帮助你回忆出这个词语的任何图像都可以。

宸宸：那我就用一张绿色的纸。

妈妈：可以，怎么和前面的三明治串联呢？

宸宸：张老师举着一张绿色的纸。

妈妈：不对不对。是和"三明治"串联。

宸宸：张老师左边拿着三明治，右手拿着绿色的纸。

妈妈：这样还不对。你想想看，你刚才的图像中，和纸发生连接的是张老师，并不是三明治啊。

宸宸：那怎么办？张老师从三明治中抽出来一张绿色的纸，这样可以吗？

妈妈：这样还勉强能过关，不过最好还是严谨一点。你可以把图像改成"一张绿色的纸从三明治中慢慢滑了出来"。

宸宸：这和刚才的图像有什么区别？

妈妈：你仔细想想，你的图像中是不是有张老师的手在抓着这张纸，而我的图像中纸是自己出来的。

宸宸：似乎、好像、大概、可能吧！可以，这又有什么区别呢？

妈妈：区别就是：我的图像中，绿色的纸和张老师没有关系。你的图像中，绿色的纸和张老师有关系。明白了吗？

宸宸：哦，这样我就懂了。可是，为什么非要这样做呢？你不是说能回忆出来图像就可以吗？

妈妈：词语的记忆要求的不仅是记住这些词语，而且还要记住这些词语的顺序。所以，在做串联图像的时候，最好是每个图像都只和它相邻的前后两个图像发生关系，而相隔的图像间最好不要发生关系。这样才能确保图像的顺序是唯一的。

宸宸：好复杂啊。我就当听懂了吧。就是"绿色"和"老师"两个词语不挨着，所以这两个图像也不能有接触的地方。

妈妈：太对了。

宸宸：这也没什么难的嘛！

妈妈：别骄傲！下一个词语"月亮"。

宸宸：是不是只能用那张绿色的纸和月亮去想象图像？

妈妈：太对了，就是这个意思。

宸宸：这张绿色的纸飘到了月亮上面。

妈妈：那要飘多长时间呢？

宸宸：在我大脑中只需要"嗖"的一下就飘过去了。

妈妈：那要是路途被风刮跑了怎么办？

宸宸：妈妈，你怎么这么多无聊的问题，像个小孩子一样啊！

妈妈：我只是想用这样的提问告诉你，这样的想象虽然看上去没什么问题。但是实际在回忆的时候，就可能会遗忘，因为图像的连续性不好。记住，想象出来的图像是连续的。

宸宸：我觉得挺连续啊！

妈妈：这张绿色的纸从三明治飘到月亮的过程中就很孤独啊。我说的连续就是这张绿色的纸只要离开了三明治，就要马上和月亮发生关系。

宸宸：哦。好吧好吧，就按你的要求来！事真多！

妈妈：唉！我说你还不服气怎么的？！

宸宸：连续！连续！连续！我知道了……

妈妈：那就快想啊！想一个连续的图像出来。

宸宸：让我想想……绿色的纸上画着一个月亮可以吗？

妈妈：这个不太好，因为似乎没有动作，印象不够深刻。

宸宸：从绿色的纸上升起来一个月亮？

妈妈：这个可以。

宸宸：你这要求也太严格了。

妈妈：刚开始训练的时候，咱们要求严格一点，后面一旦养成习惯了，就好了。如果刚开始的时候有很多错误的用法，后面再想改正就更难了。

宸宸：好吧。又是你说得对！继续吧，下一个词是什么？

妈妈：下一个词是……

（注：为了节约篇幅，后面的图像串联过程省略。在此给出读者一个可供参考的图像串联。）

题目：变形金刚、秒表、老师、三明治、绿色、月亮、爸爸、快速、白纸、惊讶

串联的图像：

变形金刚从杯里掏出一个秒表，秒表打开盖子，老师从里面跳了出来，手里拖着一个巨大的三明治，从三明治中滑出来一张绿色的纸，纸上面慢慢升起了一个月亮，月亮上飞下来了爸爸，爸爸越飞越快变成了一个光球快速地飞向白纸，白纸被光球撞裂了，露出来一个惊讶的表情。）

妈妈：很好，来试着回忆一下这一连串的图像吧。

（请读者朋友们也先自行回忆一遍。）

宸宸：首先是变形金刚掏出一个秒表，秒表里跳出来老师，老师拿着三明治，三明治里滑出来绿纸，绿纸升起了月亮，月亮上飞下来爸爸，爸爸变成了光球，光球撞

到了白纸，白纸里露出来惊讶的表情。

妈妈：很好，那就来试着把10个词语说一下吧。

宸宸：首先是变形金刚、秒表、老师、三明治、绿纸……

妈妈：是绿纸吗？

宸宸：是绿纸啊，下一个月亮……

妈妈：图像是绿纸没错，但是那个词语是绿纸吗？

宸宸：嗯……哦，我想起来了，是绿色。

妈妈：对啊，这样的词语一定要注意了。好了，继续吧。

宸宸：绿色、月亮、爸爸、火球……

妈妈：有火球吗？

宸宸：有啊。不对，不是火球，是光球。

妈妈：是光球吗？

宸宸：我记得很清楚，是光球。

妈妈：我的意思是，那个词是光球吗？

宸宸：噢。那个词不是光球。是"飞快"。

妈妈：是飞快吗？你再想想。

宸宸：是啊。是飞速？快速？迅速？

妈妈：你这是回忆啊？还是乱猜啊？

宸宸：记不起来了。反正就是这个意思的一个词。

妈妈：是"快速"。

宸宸：快速、白纸、惊讶。

妈妈：为什么最后一个词记得这么清楚？

宸宸：因为它是最后一个，我直接就记住了。

妈妈：那为什么中间的那个"快速"却没有记清呢？

宸宸：对啊！这是为什么呢？有什么办法可以记清而且不会忘吗？

妈妈：当然有。一种方法就是不要使用意会法，而使用谐音法。比如把"快速"谐音为"筷塑"，一个"筷子的雕塑"。

宸宸：但是谐音法太慢了，好长时间都想不出一个满意的谐音。

妈妈：那就用另一种方法，就是声音记忆。在脑子里想那个光球的时候，同时小声地读出声音"快速"。就像你记最后一个"惊讶"一样,只要你曾经听到过这个词语的发音,就会对词语有很深的印象。

宸宸:妈妈,那这不又成了死记硬背了吗?

妈妈:其实并不是,这叫多种记忆模式同时起用。还记得我们最前面讲到的大脑的几种记忆模式吗?声音记忆、逻辑记忆、图像记忆,虽然图像记忆是最快的,但是有时候也有一定的局限性。所以最好的记忆模式就是多种记忆模式同时起用。

宸宸:既要想象图像,又要死记硬背。

妈妈:可以这样理解。实际上这和死记硬背是有很大区别的,因为这不叫死记硬背。这是借助声音记忆来辅助图像记忆,让自己记忆的内容更加准确。

宸宸:好了。现在我再重新说一遍不会再错了。

妈妈:好啊,那你就倒着说一遍吧!

宸宸:倒着?妈妈,你怎么随时改变游戏规则啊?

妈妈:其实倒着和正着一样简单。刚才为什么对你想象出来的图像要求那么严,就是为了让你在倒着背的时候依然能够做到图像清楚,一个不错。不信你试试,倒着背和正着背没什么区别。

宸宸:好吧,我试试。最后一个是惊讶,然后是白纸、快速……

(请读者朋友们自行倒着回忆一遍。)

练习材料 请用图像串联法把下面的十个词语的顺序记忆下来,要求做到正背、倒背一个不错哦!

手机、医生、拥挤、收藏、通行证、消息、米饭、学习、信号、星期六

故事奇像法(情节串联)

宸宸:妈妈,如果对记忆的词语顺序要求不是很严格的时候,有没有更好的记忆方法呢?

妈妈:如果对顺序要求不是特别严格的时候,也可以使用上面的图像串联法。

宸宸:可是我觉得有时候图像串联的要求太高了,这样速度就会慢。有没有更简单的方法呢?

妈妈：那咱们可以来试试故事奇像法，也有人叫情节串联法或者故事串联法。

宸宸：故事串联？也是图像串联吗？

妈妈：乍一看好像没什么区别。但故事串联听上去更像是一个故事，会有故事情节，会有主人公。而图像串联完全是一个图像连接一个图像。

宸宸：还是不太明白。要不我重新写十个词语，您教我用故事串联法记一下吧。

妈妈：好啊。

宸宸：再多一些可以吗？比如我写15个词语行吗？

妈妈：当然可以，你想写多少就写多少。

宸宸：那我写一万个。

妈妈：好啊！那我先去睡觉了，你写完了叫我啊！哈哈哈哈！

宸宸：不行！我就写15个，很快就能写完。

妈妈：不写一万个了……

宸宸：……

> 写字、夸张、玩具、很多、眼镜、吃饭、书包、陷害
> 鞋子、思考、桌子、完成、战士、铅笔、电视机

妈妈：还需要给我计时吗？

宸宸：你不用记了，直接教我怎么记吧！

妈妈：嘿嘿，现在怎么不挑战妈妈的底线了？

宸宸：哎呀！快教吧，怎么那么多话啊？

妈妈：哈哈，你这是学习的态度吗？

宸宸：……

妈妈：哎呦！这还不高兴了。好了好了，咱们开始学习故事串联法吧！

宸宸：哼！

妈妈：首先呢，故事串联法应用于对词语顺序要求不是特别严格的情况。只要词语能够准确，一个不多一个不少，偶尔有几个词语的前后顺序颠倒没关系。这种情况下才适合用故事串联，这点明白吗？

宸宸：嗯。

妈妈：故事串联法，经常需要假想一个主人公，比如"我"。有时候，第一个词

语是人物或者小动物、卡通形象的时候，也会以第一词语作为主人公。那你看这组词语，你觉得用什么作为主人公合适呢？

宸宸：前面的词语都没人物或者卡通的形象，还是用"我"作为主人公吧。

妈妈：好。那第一个词语是"写字"，后面紧跟着是"夸张"，这时候你可以来构思故事情节了。

宸宸：不是一个词语一个词语地构思吗？为什么要一下子构思两个？

妈妈：这就是故事串联和图像串联的区别。图像串联中，特别强调一个词语一个图像。但是故事串联要自由地多，可以一个图像中出现好几个词语。比如你可以联想这个故事的第一个画面是"有一天，我在写字，写得特别特别地夸张……"

宸宸：有多夸张呢？

妈妈：你这个问题问得很好。那有多夸张呢？这就要看下面的词语是什么了。后面情节构思的方法就是把后面的词语和"夸张"想办法联系到一起。

宸宸：不管后面的词语是什么，都要与"写字夸张"联系到一起吗？

妈妈：没有严格规定，只是这样构思的话，故事会比较流畅。比如下一个词语是"玩具"和"很多"，这时候你能构思一个什么样的情节把它们联系到一起呢？

宸宸：让我想想。"夸张"和"玩具"？能不能说字写得太夸张了，都从纸上写到了玩具上？

妈妈：可以啊，这时候你脑海中就要产生这样一幅画面了。你在写字，可以想象拿着一支很大的笔，写的字也很大、出奇的大、夸张的大，大到字在纸上写不开了，都写到旁边的玩具上。

宸宸：这个画面还是很生动的啊。那后面的"很多"怎么加进去呢？

妈妈：你自己试试看。

宸宸：能不能想象很多的玩具都被写上了字？

妈妈：可以啊。但是似乎和前面的画面有点类似，而且还不够有冲击力，时间长了有可能会忘。

宸宸：那怎么构思合适呢？

妈妈：其实这时候，只需要加一些自问自答式的情节，效果就凸显出来了。

宸宸：什么叫自问自答式的情节？

妈妈：比如前面已经想象到写字写到纸旁边的玩具上。这时候你可以在脑子自问一个问题"被墨水弄脏的玩具难道就这一个吗？不，绝对不止这一个，而是很多很多！"

宸宸：但是这样能记住吗？我感觉没有突出"很多"这个词语啊？

妈妈：没关系，其实构思情节的同时，也是自己给自己讲故事的过程。只需要在自己给自己讲故事的同时，刻意地把"很多很多"语气加重，就能自然地记住了。"不，绝对不止一个"，而是"很""多""很""多"。

宸宸：噢，这样我就明白了。

妈妈：那就继续吧。后面的几个词语是"眼镜、吃饭、书包"。

宸宸：……

（由于篇幅所限，这里直接给出故事串联以上词语的参考，读者朋友们也可以根据自己的理解来自由发挥，构思和设计你们喜欢的故事剧本。）

我在练习**写字**，而且写得特别**夸张**，夸张到纸上都写不下，连旁边的**玩具**上都被写上了字。我刚开始以为只是不小心写到了一个玩具上，可事实上**很多很多**的玩具都被我写上了字。怎么会这样，我突然意识到原来是我没戴**眼镜**的缘故。我赶紧找到眼镜戴上，想继续认真练，这时候突然饿了想**吃饭**了。我记得我叫人把我的饭盒放到**书包**里了，结果打开书包一看，里面什么也没有，我知道我被人**陷害**了。我赶紧穿上**鞋子**，准备出门找他们理论。但是突然想不起是谁干的这事了，于是我拍着脑袋努力地**思考**着……可是就是想不起来，没办法，我回到**桌子**旁边，坚持**完成**了自己的写字任务。这时候我突然想起我不是被人陷害，而是昨天楼下小**战士**约我中午一起吃饭。我怕自己再忘掉，于是找出**铅笔**，写下"和战士吃饭"几个字，贴在了**电视机**的屏幕了。这样我就不会忘记了。

妈妈：我们的剧本写完了，现在就在大脑中先把这部电影再放映一遍吧。

宸宸：好……

妈妈：怎么样？每个情节都能回忆出来吗？

宸宸：没问题。不过很难确认这些情节中的哪些词语是关键字啊？

妈妈：没关系。首先你要确认这个故事中共有15个关键词，然后你在回忆的时候，可以边回忆边用手指计数。每出现一个关键词，就用手指记一个数，看看回忆出来的关键词是不是正好是15个。

宸宸：可是只有10个手指头啊？

妈妈：哈哈。那就没办法了吗？你可以数指头的关节啊！每只手上有14个关节，这样不就很轻松地解决了吗？

宸宸：哦！还可以这样啊！

妈妈：赶紧来试一下吧，一边回忆，一边数，是不是15个关键词。

宸宸：好。首先是我在"写字"、1，然后是写得特别"夸张"、2，接下来是……

（读者朋友们也一起来边回忆故事情节，边核对一下自己脑海中的关键词吧！）

宸宸：正好15个啊！哇！我太厉害了。

妈妈：不错！不错！不过这可是最基本的东西，没什么值得骄傲的啊！你忘了，如果让妈妈来记这15个词语的话，可能10秒就能记完了。你现在的水平还差得很远啊！

宸宸：我一定要超过您！

妈妈：好啊！我相信你！努力吧！

练习材料　请用故事串联法记忆下面的20个词语，要求词语的顺序基本正确，词语一字不错。

茶叶、行驶、蓝天、皮肤、死机、空气、活动室、排队、疲惫、地板砖

事故、玻璃、沙发床、节假日、脸盆、服务员、迟到、酒、机票、床单

定位奇像法（定桩串联）

宸宸：妈妈，我觉得不管是图像串联还是故事串联，都不可能做到你说的一秒钟记一个啊？

妈妈：可以的，之前妈妈教的小朋友，记10个词语最快的只需要7秒。

宸宸：那为什么我做不到呢？

妈妈：因为你训练得还不够！要坚持训练，不仅要有自信，还要能坚持，一定可以达到很高的水平。

宸宸：唉！太难了！难道就没有更好的方法让我记得更快吗？

妈妈：有啊，不过方法的难易程度和速度是成反比的。越难学的方法，速度肯定就越快。超好学的方法，速度肯定相对要慢一些。

宸宸：没关系，那你赶紧教我更快的方法吧。我不怕难！

妈妈：好。那我就教你"定位奇像法"！

宸宸：定位奇像法？这种方法是最快的吗？

妈妈：记忆大师在现场比赛的时候，全部采用这种方法。定位奇像法又叫定桩法，更多的人管这种方法叫作"记忆宫殿"法。

宸宸：哦，那我知道了，我在电视剧中看到过这种方法。是不是用一个一个的房间来记忆？

妈妈：是的，但那只是其中的一种。其实定桩法还有很多更便捷的形式，不一定非要用房间来记，还可以用其他的东西来代替房间。

宸宸：用什么东西代替呢？

妈妈：这样吧，你写10个词语，我来教你用身体按顺序记忆这10个词语。

宸宸：好啊，用身体还可以记东西？那我得写难一点的吧。

妈妈：随你吧！

宸宸：……

> 神奇、冠军、红领巾、嘿哈、悠悠球、吃饭、对战、披萨、挨打、穷鬼

妈妈：哈哈，好吧，这就是你认为的难啊！还需要给我计时吗？

宸宸：不用了。您直接教我就行了。

妈妈：好的。不过在使用定位奇像法记忆之前，先找好定位。就是说必须在大脑中要有提前准备好的"位置"。

宸宸：位置？

妈妈：对。这些位置，其实就是"记忆宫殿"。你需要记多少内容，就需要准备一个能容纳这么多内容的宫殿。

宸宸：那怎么计算需要多大的宫殿啊？

妈妈：这里说的"大小"是指记忆词语的数量。比如记忆10个词语和记忆100个词语，需要的空间肯定不一样。刚开始学习的时候，一般采用的是"一个词语占用一个位置"。等熟练以后，可以尝试两个或者多个词语占用一个位置。咱们先来学习一个词语占用一个位置的方法，这种方法也叫"单桩单图法"。

宸宸：好。"单桩单图"是什么意思？

妈妈：不要着急，慢慢你就理解了。我们俩先来一起准备10个位置，就是"桩"。

宸宸：从哪准备，需要重新收拾房间吗？

妈妈：哈哈，不用。刚才不是说了吗？这次咱们用自己的身体来记忆啊。咱们一起从头到脚找到十个有标志的部位就可以了。

宸宸：身体上找十个部位，这太容易了。这里、这里、这里、这里……一百个都能找出来。

妈妈：这样不行，必须是十个有特点、有区别的部位。比如你在肚皮上找100个点也没用，因为它们的特点都一样。肚皮只能作为一个点，也就是一个桩来用。

宸宸：哦。那怎么找？

妈妈：你跟我一起来记。从头顶开始，头顶是第一个，眼睛是第二个……

> 1头顶、2眼睛、3鼻子、4嘴巴、5耳朵
> 6胳膊、7双手、8前胸、9后背、10腿

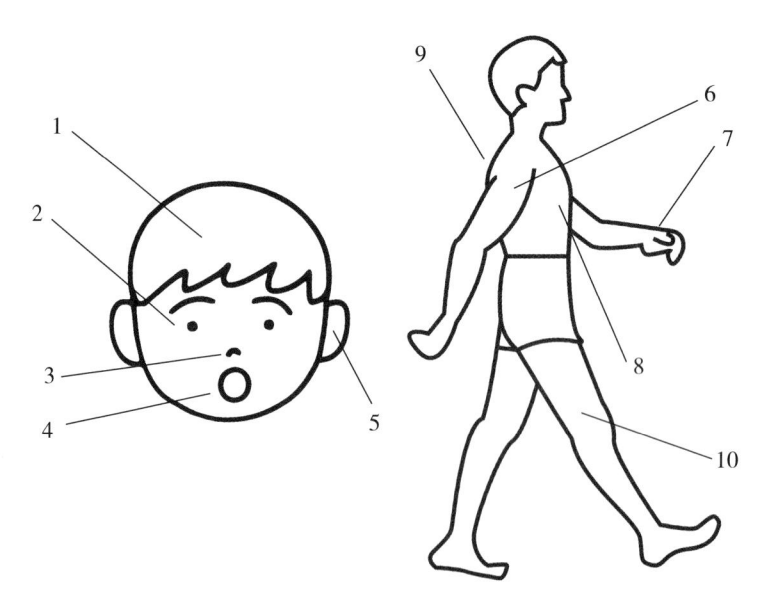

宸宸：头顶、眼睛……

（请读者朋友也闭上眼睛把这十个部位按顺序回忆一遍）

妈妈：好了，现在已经准备好"记忆宫殿"的"地点桩"了。咱们开始记忆吧。

宸宸："记忆宫殿"和"地点桩"有什么区别？

妈妈："记忆宫殿"是大脑中用来保存信息的地点的总称，而"地点桩"是"记忆宫殿"中一个一个的点。这就像是"我们家"和"家里的家具"的区别。

宸宸：就是说地点桩属于记忆宫殿的一部分？

妈妈：可以这样理解。你可以这样假想：一个一个的地点桩组成房间，一个一个房间组成了宫殿。

宸宸：哦。这样就明白了。

妈妈：那咱们现在就开始用地点桩串联法来记忆刚才的十个词语吧。"地点桩串联"和前面学习的"图像串联、故事串联"的原理是一样的，但是用法不完全相同。地点桩串联只需要"两两串联"。

宸宸：什么叫两两串联？

妈妈：就是一个地点桩和一个词语串联。也就是每次串联都只有两个图像，而并不像前面两种方法一样，一直串联下去。

宸宸：还是不太明白。

妈妈：没关系，我们一边学，一边理解，就明白了。我们先来看第一个词语："神奇"。

宸宸：是不是先要按之前的方法，把"神奇"转换成图像啊？

妈妈：太对了，看来你之前的知识掌握得不错。你觉得"神奇"转换成什么图像好呢？

宸宸：我想到的图像是：一个魔术师在变魔术。

妈妈：可以啊。第二步就是把这个图像保存到第一个地点桩上。还记得第一个地点桩是什么吗？

宸宸：是头顶啊。怎么把魔术师变魔术保存到头顶呢？

妈妈：其实保存的方法也很简单。一种是直接放在上面，另一种是让地点桩和图像发生关系。刚开始学习的时候，可以只用发生关系的方式。

宸宸：像之前做图像串联一样发生关系吗？

妈妈：是的，只需要做简单的串联就可以。比如：一个魔术师从你的头发中钻出来，开始表演神奇的魔术。

宸宸：可不可以是"一个魔术师站在头顶表演魔术"？

妈妈：当然可以。不过这就属于刚才说的第一种方式"直接放在上面"。

宸宸：哦，这有什么区别吗？

妈妈：第一种方式，直接放在上面，后期在回忆的时候发生遗忘的可能性会大一些。因为魔术师站在头顶、站在肚皮上、站在手心等，其实图像上的区别并不是特别大。但是如果用我刚才串联的图像"魔术师从头发中钻出来"，因为多了个"从头发中钻出来"的动作，大脑中会对"头发"留格外的一个图像。这时候再遗忘的可能性就小很多。只要想到魔术师有一个"钻出来"的动作，就能想到是从"头发"里钻出来的。想到"头发"自然就能想到魔术师所在位置是"头顶"了。

宸宸：噢。我明白了，就是让魔术师和头顶的物品发生关系了。

妈妈：太对了。那第二个词语"冠军"该如何保存呢？

宸宸：魔术师表演拿了个冠军。

妈妈：这就不对了。咱们刚才说过，"定位奇像法"是一对一地发生串联。都是一个地点桩和一个图像发生串联。而不同地点桩上的图像是不发生串联的。"神奇"保存到第一个地点桩，而"冠军"保存到第二个地点桩。所以"神奇"和"冠军"之间不发生任何的关系。明白了吗？

宸宸："冠军"只和第二个地点桩发生关系吗？

妈妈：是的。还记得第二个地点桩是什么吗？

宸宸：是眼睛吧。

妈妈：对。那你现在联想一下，如何让"冠军"和"眼睛"发生关系呢？

宸宸：让我想想。"眼睛拿了最美双眼皮比赛的冠军"？

妈妈：哈哈哈哈。这个图像不够清晰啊！你这种联想属于故事串联，在地点桩和图像串联的时候，尽可能使用图像串联。就是说两个图像，一个动作，相互之间发生作用，这是最好的串联模式。

宸宸：我联想不出来，还是您来吧。

妈妈：比如，你觉得什么东西最能代表冠军？

宸宸：奖杯？

妈妈：那就想象出一个非常漂亮的奖杯的样子。

宸宸：想出来了。

妈妈：那如何让眼睛和奖杯发生关系呢？你可以想象两眼放光，那种激光或者金光、或者白光、七色光都可以，眼睛里发射出来的光打到奖杯上，奖杯瞬间变得通体晶莹剔透。

宸宸：哇。这怎么可能？妈妈你是在拍科幻电影吗？

妈妈：越是神奇的、不可思议的、你觉得新鲜的图像，在大脑中留下的印象就越深刻。

宸宸：好吧。那我以后也拍科幻电影。

妈妈：当然可以。现在想想，刚才的画面是不是特别清晰？

宸宸：是的，像超人的特异功能。

妈妈：现在再想到眼睛这个部位，是不是马上就能想到"两眼放光打到奖杯上"的形象。

宸宸：是的，"奖杯"代表的词语是"冠军"。您下个问题是不是要问这个？我先替您回答了。

妈妈：哈哈，你这是学会抢答了。那下个词语"红领巾"，你来吧！不是要拍科幻电影吗？

宸宸：来就来。第三个地点桩是"鼻子"，词语是"红领巾"不是抽象词不用转换。拿"红领巾"和"鼻子"串联……拿红领巾擦鼻涕，哈哈哈哈。

妈妈：这个有点恶心，而且还有点玷污了红领巾的神圣形象，现实中可千万不要这样做啊！

宸宸：那当然，这不是拍电影嘛！电影不是虚构嘛，虚构不是需要夸张嘛！

妈妈：唉哟！这还一套一套的。来，继续，下一个词"嘿哈"。

宸宸：……

（由于篇幅所限，后面的词语和地点桩的图像串联过程不再一一列出，直接给出供大家参考的图像串联方案，请读者朋友自行练习，也可自行设计图像串联方案。）

头顶 + 神奇：头发中钻出来个魔术师变魔术

眼睛 + 冠军：两眼放金光照射到奖杯上

鼻子 + 红领巾：用红领巾擦鼻涕

嘴巴 + 嘿哈：张开嘴巴，里面不停地崩出"嘿哈"

耳朵 + 悠悠球：耳朵上绑着一个悠悠球

胳膊 + 吃饭：用两只胳膊肘夹着勺子吃饭

双手 + 对战：左右手各拿一把剑对着砍

前胸 + 披萨：前胸上放着一个刚出炉的披萨，好烫啊

后背 + 挨打： 后背正在被一根木棍抽打着

腿 + 穷鬼： 腿上的裤子已经破得只剩下几根布条了

妈妈：好了，现在赶紧闭上眼睛，按顺序快速地回忆一遍吧！

（请读者朋友也闭上眼睛，按要求快速地回忆一遍上面的10组图像）

妈妈：怎么样？十组图像都能回忆出来吗？

宸宸：没问题！

妈妈：那好，那就来按顺序把刚才的十个词语说一遍吧。

宸宸：好的。第一个是魔术师……

妈妈：什么魔术师？！第一个就错了。

宸宸：第一个不是魔术师吗？魔术师从头发中钻出来表演魔术，不对吗？

妈妈：当然不对。你说的是图像，我现在要求你说的是"词语"，是原来的词语，不是代表词语的图像。

宸宸：哦。第一个是神奇，然后是冠军、红领巾、嘿哈……

妈妈：不错。现在你来感受一下，这种方法是不是比之前的图像串联、故事串联要快得多。

宸宸：没觉出来。而且这个还要提前记地点桩，我感觉好像更慢。

妈妈：那是因为你提前没有储备地点桩的原因。

宸宸：地点桩要提前储备吗？

妈妈：是啊，每个记忆大师都提前在大脑中储备很多很多的地点桩，否则怎么能叫"记忆宫殿"呢？

宸宸：那你们一般要准备多少地点桩呢？

妈妈：最少也得3000个吧，有好多的记忆大师都准备5000个、8000个甚至一万多个。还有些大师准备了几万个地点桩呢！

宸宸：哇！这也太多了吧，这得准备多长时间啊？

妈妈：这个以后咱们再慢慢学。刚开始训练的时候，只需要准备几组就可以了。

宸宸：哦，也是从身体上找吗？

妈妈：哈哈，当然不是。

拓展知识：地点桩的扩展与管理

宸宸：那么多的地点桩去哪里找啊？

妈妈：地点桩有很多种。前面学的身体桩只是其中的一种，也是用起来最方便的一种。更多的地点是要到场景中去找的。

宸宸：场景中？什么意思？

妈妈：还记得之前咱们玩的摆玩具的游戏吗？

宸宸：记得呀！从房间里找不同的位置，然后摆放不同的玩具，记住每个玩具摆放的位置。

妈妈：其实每个玩具摆放的位置，就是一个地点桩。

宸宸：那就叫地点桩啊？那房间里可以找的地点桩太多了。

妈妈：是的。从咱们家里找出30~50个地点桩是很轻松的，你要不要试试。

宸宸：好吧，我试试。

第四章 学科知识的应用

石伟华（以下简称"老石"）：刘老师，听说你最近在教你家孩子学记忆法？

刘敏：是啊！这事怎么全国人民都知道了？这我要教不好就会被全国人民笑掉大牙了。

老石：教自己家孩子可是难度不小啊！

刘敏：我们家孩子还好，刚刚上小学，还没到逆反不听家长话的年龄。

老石：那还好，趁着大好时机，赶紧多教点吧！

刘敏：对啊，这样上了学可以节省很多的学习和复习时间啊！

老石：是的。正好我还有些关于学科记忆的问题想跟你讨教一下。

刘敏：别，你可是这方面的专家，别说"讨教"，真是折煞我也！

老石：记忆法只有落地到学科上，才是对孩子们最大的帮助。

刘敏：是的，否则就真成了表演和竞技的专场了。

古诗、古文、文章的记忆

老石：刘老师，你觉得古文好背，还是现代文好背啊？

刘敏：当然是现代文好背啊！这还用说？

老石：如果要求背到一字不错呢？

刘敏：那也是白话文好背。

老石：如果一篇200字的古文的原文和此文的1000字的白话译文。你觉得哪个好背？

刘敏：你到底想表达什么？

老石：我想表达的是其实古文和现代文一样好记，也一样难记。

刘敏：好吧。你这绕一大圈就为表达这么一个不左不右的观点吗？来，你说说你记古文的方法吧。

老石：我记古文一般用"七步法"。

刘敏：这么复杂啊？难道你这是"七步成诗"？

老石：那倒不是。难道你有更简单的办法？

刘敏：我的就三步。

> 找关键字——转图——定桩

老石：哦。确实简单，我的"七步法"和你的"三步法"基本一样，只是分得更细一些。

> 读熟——翻译——找关键字——转图——定桩——回忆——速听

第一步：读熟

刘敏：确实比我的详细，不过为什么把"读熟"和"速听"也纳入记忆方法的标准步骤呢？

老石：我想你肯定听别人说过一句话："学了图像记忆法后，再也不用死记硬背了！"。

刘敏：当然听过，而且本来事实就是如此啊。否则我们为什么还要花那么多的时间和精力来学习记忆法？

老石：那这句话真的是对的吗？

刘敏：我没感觉有啥错误啊！

老石：可能对于像您这样的记忆大师来说，在记忆扑克、数字等竞技类项目的时候，确实是完全地脱离了死记硬背。但是对于学科知识的记忆，特别是对于古诗词、古文等文字信息的记忆，永远也不能脱离死记硬背。

刘敏：此话怎讲？

老石：现在你来回忆一下。不管是我的"七步法"还是你的"三步法"，你真的是用图像法把每一个字都记下来了吗？

刘敏：不然呢？我确实做到了一字不错啊！

老石：我承认你能记到一字不错，但是真的是每一个字或者每个词都有图像吗？

刘敏：我没太理解你的意思是想表达什么？

老石：比如我们记的是"两个黄鹂鸣翠柳，一行白鹭上青天"。你的图像大概是什么？

刘敏：随便构建一个图像就好了，比如可以像下面这幅场景一样。

老石：那好。我问你，柳树上这两只小鸟代表什么？

刘敏：黄鹂啊！

老石：为什么你就这么确定它们是"黄鹂"，为什么不能是"麻雀"，为什么不能是"杜鹃"？

刘敏：诗里有写啊，"两个黄鹂鸣翠柳"。

老石：这个柳树为什么叫"翠柳"，你从这幅画里怎么能看出这两只鸟是在"鸣翠柳"，而不是在说悄悄话，或者谈恋爱？

刘敏：石老师你太逗了，你这都是些什么疑问啊？！你似乎问了一堆根本没有必要问的问题。

老石：哈哈，好吧。其实我只是想告诉你，大家之所能靠这幅画记住这首诗，并不仅仅是靠图画上的内容。图画仅仅能帮助我们记住"两只鸟、柳树枝、大雁排成行"这样的信息，并不能帮我们完整地记住诗的原文。

刘敏：可是我们真的记住了啊？

老石：是的，我承认大家能记住。但是并不是单单靠图像来记住的，更多的是靠声音记下来的。

刘敏：声音？只不过读了两遍而已。

老石：太对了。正是因为读了几遍，所以声音记忆帮我们记住了是"黄鹂"而不是"小鸟"，是"鸣翠柳"而不是"叽喳叫"，是"白鹭"而不是"大雁"，是……

刘敏：是"上青天"，而不是"排成行"。

老石：太对了。你终于明白我表达的意思了。

刘敏：好吧好吧！还是你们职业讲师的口才好，我说不过你。甘拜下风！

老石：我只是想通过这个例子让你明白，"熟读"和"速听"这两个步骤在文字信息的记忆过程中是必不可少的，而且是举足轻重的。

刘敏：好吧，石老师，我认可你的观点了。其实大家都一直在用，只是没有列入正式的流程步骤而已。

老石：是的。我之所以要把它们列入正式的步骤中，就是为了反复地"强调"一个观点：**千万不要忽略声音记忆的力量。**

刘敏：其实我们这些年在训练的过程中，虽然没有强调这个观点，但是我们却做到了。比如我们在实际带孩子们训练的时候，会直接带他们一起大声地读三遍。或者在回忆图像的时候，边回忆图像，边一起大声地朗读原文。

老石：这样就很好啊，其实就是刻意强化了声音记忆的效果。只是这个过程是由老师来带领大家一起做的。对于孩子来说，这是个被动的过程，而不是主动的过程。

刘敏：是的。可能孩子们并没有意识到声音记忆在这个过程中起到的作用，但是这个作用却在这个过程中悄悄地生效了。

老石：所以，回到刚才的话题。"学了图像记忆以后，再也不用死记硬背了！"这句话能不能讲？

刘敏：按你刚才的理论，如果追求严谨的话，就不能讲了。

老石：有一种情况下，仍然可以讲，而且很多人都在讲。

刘敏：什么时候？

老石：做广告的时候。哈哈哈哈！

刘敏：好吧。我彻底晕了！我墙都不"服"（扶），就"服"（扶）你！

第二步：翻译

刘敏：翻译，严格讲不属于记忆法要解决的范畴啊！

老石：是的，这应该是语文老师的工作。

刘敏：所以，这一点也像你刚才说的"声音记忆"那么重要吗？

老石：我觉得很重要。特别是一些古文，有时候理解了它们的原意，记忆起来就会容易得多。按照"七步法"或者你的"三步法"，下一步应该做什么了？

刘敏：找关键字啊！

老石：对。但是我的理解是，如果能够准确地理解原文的意思、能根据原文的意思在大脑中想象出原文对应的意境，对于部分文章或者诗句来说，可以直接省略过"找关键字"这个环节，而是直接出图。

刘敏：很长的句子也能省略吗？

老石：你现在来回忆"两个黄鹂鸣翠柳"，你找出的关键字是什么？

刘敏："黄鹂"啊，"翠柳"啊！

老石：其实并不是。你仔细感受一下，对于这种类型的诗句或者古文，完全可以不用找关键字，而是直接根据原文的意思在大脑中构建一个"两个黄鹂鸣翠柳"的场景，或者说一幅画面。然后再借助声音记忆就直接记住了。

刘敏：似乎是这样。但有些内容如果不找关键字，记起来可能就比较费劲了。比如下面的内容，句子比较长。即使理解了原文的意思，如果不借助关键字，也很难记全。

见豕负涂，载鬼一车，先张之弧，后说之弧，匪寇，婚媾

老石：是的。我并不是否认关键字的作用，而是在强调"翻译原文、理解原文"的作用。

刘敏：这个没毛病。毕竟老师从小教育我们要"先理解、后记忆"，理解肯定会对记忆有很大的帮助。

老石：是的。彼得老师也有句名言，叫"**无理解、不记忆**"。

第三步：找关键字

老石："找关键字"这一步你应该比我有经验，要不然也不会被列入你的"三步法"。

刘敏：经验不敢说，只能说我还知道怎么找。

老石：那好，就请你说说你找关键字的方法吧。

刘敏：其实找关键字非常简单，就是把一个长句中最核心的几个字找出来。比如下面的这段文字。

聪明的小明兴高采烈地跑进了开满鲜花的院子里。

老石：那找出来的关键字是不是"小明""跑进""院子"。

刘敏：是的。不过可以更简单，可以把结果也省略掉，只留下"小明""跑"。

老石：这样也可以？

刘敏：是的。只要能帮我们回忆出原文就可以，并非一定要把一句话的主、谓、宾全部列出来。

老石：这让我想起了我上小学期间，我们的语文老师经常说的一个笑话。

刘敏：笑话？

老石：也不叫笑话，就是老师告诉我们不能写自相矛盾的话。比如咱们经常会说的一些非标准汉语，如"差不多都、其他的都、基本上全部、几乎没有"。

刘敏：是的。严格讲，这些说法是不符合标准的语法的。

老石：我们老师讲的那个例子更夸张，他是这样讲的。

一头乌黑的黄牛拉着一辆崭新的破大车。

刘敏：哈哈哈哈。"乌黑的黄牛"和"崭新的破大车"？好吧。

老石：不过这对于练习记忆本身来说，并不影响。你也来找出这句话的关键字吧。

刘敏：很简单。"牛拉车"。

老石：厉害，你这就剩下三个字了。不过有些文章的记忆可能这种方法就不好用了。

刘敏：你说的有些是指什么样的文章？

老石：比如，记忆的内容是古文或者国学类的文字。原文本身就没有几个字，再怎么努力，可能也省不出什么内容了。

刘敏：这种文章在找关键字的时候，可以找那些能够帮助回忆的字。也可以是能表达核心意思的字，也可能是对自己来说陌生的字，也可能有特点的字。

老石：比如下面这段文章，你怎么找关键字？

盖此身发、四大五常，恭惟鞠养、岂敢毁伤，

女慕贞洁、男效才良，知过必改、得能莫忘；

罔谈彼短、靡恃己长，信使可覆、器欲难量。

刘敏：《千字文》？

老石：是啊！随便拉一段出来考考你，嘿嘿。

刘敏：好吧。其实对于对仗、押韵的内容，在找关键字的时候，最简单的方法就是直接用每一行或者每一句的两个字作为关键字。比如：

盖此身发、四大五常、**恭惟**鞠养、岂敢毁伤；

女慕贞洁、男效才良、**知过**必改、得能莫忘；

罔谈彼短、靡恃己长、**信使**可覆、器欲难量。

老石：为什么要这样选择？选里面更核心的词不是更好吗？

刘敏：你有没有发现一个现象：小朋友在背诵像《三字经》《千字文》这样的长篇的时候，经常忘，但是只要有人能帮助提醒两个字，他们一般都能背下后面的整句。

老石：确实是这样。我们小时候背古诗的时候，在老师提问时就经常忘。但是只要老师提醒一个字或者两个字，我们就能顺利地把后面的内容背下来。

刘敏：所以啊，我们就把每句的前两个字作为关键字，转换成图像按顺序保存到地点桩上。这样背诵的时候就不用老师提醒了。

老石：这个方法确实简单、方便。但是你知道为什么只要提醒两个字就能背下整句的内容吗？

刘敏：因为后面的内容自然就记住了呀，还能为什么？

老石：看来你又忘了"两只小鸟在唱歌"的例子了！

刘敏：什么乱七八糟的，还小鸟唱歌？

老石："两只黄鹂鸣翠柳"啊！

刘敏：你又想说这是声音记忆的力量对吧？

老石：聪明！永远不要忽视声音记忆的力量。

刘敏：有话直说嘛！干嘛要绕这么多弯呢？

老石：嘿嘿！这样显得我多有学问。

刘敏：这脸皮，比那个啥还厚！哈哈哈哈！

第四步：转图

刘敏：到了这一步，是不是大家都轻车熟路了？

老石：是的，对你们记忆大师来说也许是。对普通人来说，转图还是要多多训练的。

刘敏：其实很简单，只需要把前一步找出来的关键字按照"谐音法、代替法"直接转换成图像就可以了。

老石：咱们还是找一段古文来举例说明吧。

少时，一狼径去，其一犬坐于前。久之，目似瞑，意暇甚。屠暴起，以刀劈狼首，又数刀毙之。方欲行，转视积薪后，一狼洞其中，意将隧入以攻其后也。身已半入，止露尻尾。屠自后断其股，亦毙之。乃悟前狼假寐，盖以诱敌。

刘敏：是不是需要先按前面的方法，先熟读、再翻译，然后找出关键字啊。

老石：那当然，要不然会影响后面的记忆效果啊！

刘敏：那咱们就从熟读三遍开始吧。

老石：好啊！你起个头，咱俩一块读。

刘敏："少时"，预备……起……

（注：为了确保记忆效果，请读者朋友也严格按照上面的步骤，认真读三遍，并通过查询相关资料，理解原文的意思。然后根据自己的理解，找出这段文字的关键字。）

老石：要不关键字我来找吧。

少时，一狼**径**去，其**一犬**坐于前。久之，目似**瞑**，意暇甚。屠暴起，以刀**劈**狼首，又**数刀**毙之。方欲行，**转视**积薪后，一狼**洞**其中，意将隧入以**攻其后**也。身已半入，**止露尻**尾。屠自后**断**其股，亦毙之。乃**悟**前狼假寐，盖以诱敌。

刘敏：你找的关键字好奇怪啊！

老石：没关系，现在你把其他字挡上，我就能大概复述出原文了。

> 径、犬、瞑、劈、数刀、转视、洞、攻其后、露尻、断、悟

刘敏：好吧，就先按你的关键字来转图吧。

老石：其实在转图的时候，如果理解了原文意思，有些地方可以直接按原文的意思来转图。比如：

一狼径去——一只狼径直走远了

一狼洞其中——一只狼正在往洞里钻

身已半入，止露尻尾——一半身子钻进去了，另一半屁股还露在外面

刘敏：是的。像这样非常形象的句子，可以不用找关键字，直接用原文的意思转图就可以了。

老石：其实对于这一段文字来说，大部分的句子都可以形成一个清晰的或者模糊

的图像。

刘敏：那你的意思是可以直接不用关键字了？

老石：也可以，这个还是看个人习惯吧。有人喜欢用关键字，有人喜欢用原文的意思转图。不过随着对古文的熟悉，和对原文意境的理解，直接转图会节省很多的时间。

刘敏：那当然，古文功底越好，越可以在"原文"和"图像"之间自由地互译。

老石：这让我想起了海洋老师的那句话"记到后来，我都不知道自己到底有没有用记忆法。"

刘敏：这应该就是江湖上传说的"无招胜有招"的境界吧！

老石：应该是吧。使用方法的最高境界就是把方法忘了吧？

刘敏：哈哈。好吧，不过在忘了之前，我们还是要先把方法学好、练好，才有机会忘。

老石：下步该干什么了？

刘敏：该定桩了。

老石：我感觉似乎少了一个步骤啊！

刘敏：少了什么？

补充步骤：分节、准备地点桩。

老石：我们定桩的时候用哪组地点桩呢？应该准备多少地点桩啊？

刘敏：那就要看文章有多长，应该分成几个小段了。

老石：所以我说少了一个步骤，把文章划分成一个个的小节。

刘敏：好吧，这也要算一个正式步骤啊，你这都成"八步法"了。

老石：分好节以后，再按分节的数量去准备地点桩，这也算一步。这就是"九步法"了。

刘敏：地点桩找好了也要先记下来，这也算一步吧。"十步法"算了。

老石：你这明显是和我抬杠了。

刘敏：哪有，我是认真的。好了，开始分小节吧。

1.少时，一狼**径**去，其一犬**坐**于前。

2.久之，目似**瞑**，意暇甚。

3.屠暴起，以刀**劈**狼首，又数刀毙之。

4. 方欲行，**转视**积薪后，

5. 一狼**洞**其中，意将隧入以**攻其后**也。

6. 身已半入，止**露尻**尾。

7. 屠自后**断**其股，亦毙之。

8. **乃悟**前狼假寐，盖以诱敌。

老石：那我就要找8个地点桩了。

刘敏：石老师，为什么不用之前储备的房间呢？那多方便，早就熟记了，就不必再花时间来找地点桩，也不用再花时间来记地点桩了。

老石：用储备好的房间也可以。我之所以喜欢现找，是因为这样一方面可以节约大脑中之前储备的地点，因为毕竟大脑中的房间数量是有限的。另一方面，这样更容易记得这些信息是保存在哪组地点桩了。

刘敏：这倒是个好办法，不需要再把文章的主题和房间作链接了。记忆什么内容就构建与这个内容相关的地点桩。

老石：是的。记忆《桃花源记》就构建一组与"桃花"有关系的地点桩，记忆《长海三峡》就找与"三峡"有关的图片或者照片，记忆《出师表》就构建一组与"诸葛亮"有关系的地点桩。

刘敏：这确实是个好主意，缺点是每次都要现策划、设计地点桩，需要多花很长的时间。

老石：是的。不过像这种学科知识的记忆不像是你们的"脑力锦标赛"，慢个三五分钟无所谓，大家又不比拼谁记得更快。

刘敏：大家比的是谁记得时间更长、更牢固。

老石：太对了！

第五步：定桩

刘敏：地点桩也有了，关键词也转图了。接下来该定桩联结了吧？

老石：是的。这也是你的强项，你来吧！

刘敏：好啊，那我就直接说出大脑中的图像吧。

地点桩	图像	原文

第六步：回忆

刘敏：为什么回忆也要算一个单独的步骤呢？

老石：因为有的人不会回忆。

刘敏：回忆不就是复习吗？

老石：是的。但是同样是复习，方法和效率也有不同。

刘敏：我怎么感觉石老师您总是喜欢把简单的问题复杂化。

老石：我是把看似简单的问题正规化。

刘敏：好吧，你是职业讲师，你口才好，说什么都对！

老石：哈哈，看来你又不服气！我来说说我的复习要求，请刘大师批评指正！

刘敏：好吧，我一定狠狠地批评！哈哈哈哈！

老石：用图像记忆加定桩法记忆完成一段文章之后，复习分为三个过程。

> 第一步：快速回忆一遍每个地点桩上的图像；
>
> 第二步：回忆每个图像所代表的关键字；
>
> 第三步：根据关键字，尝试回忆文章的原文。

刘敏：确实很标准，只是我觉得没有必要分得这么清楚啊。比如说第一步和第二步，有必要分开做吗？同时回忆图像，同时回忆其代表的关键字不一样吗？

老石：也可以。但是初学阶段的话，对图像的记忆还没有这么牢固。如果同时回忆地点桩上面的图像和其代表的关键字，可能速度就会慢很多，等回忆到后面的时候，可能已经记不清上面的图像是什么了。

刘敏：我感觉没问题啊，怎么可能会忘呢？

老石：那是因为你是记忆大师。

刘敏：好吧。这是不是就像快速扑克记忆的策略？快速记忆完成之后，不会马上复原这副牌，而是先在大脑中回忆一遍这副牌。这样可以在最短时间内确保这副牌记忆得准确无误，而且不会在复原的过程中发生遗忘的情况。

老石：差不多这个意思。

第七步：速听

刘敏：速听算是记忆方法吗？

老石：那当然，而且是大方法。

刘敏：这又是简单问题复杂化吗？不！是简单问题正规化吗？

老石：我问你，当用图像记忆完一段文章之后，你能确保记的一定不出错吗？

刘敏：这个谁也做不到。但是只要复习几次，边复习边修正就可以了。

老石：所以，这时候速听就会起大作用了。

刘敏：你又在强调声音记忆的力量吗？

老石：是的。只是这时候的速听和平常的声音记忆是有区别的。在记忆之前我们要求"熟读"的过程也是声音记忆，但那个过程是单纯的声音记忆。这里的速听过程虽然也是声音记忆，但已经不是单纯的声音记忆了。

刘敏：还有什么？

老石：我一般是要求学员这样做。在速听的过程中，要边听边回忆图像。耳朵听到哪里，大脑里的图像就要在地点桩上跟随着回忆到哪里。

刘敏：其实就是把声音记忆和图像记忆同步进行了。

老石：是的。这样的效果是最好的。

刘敏：但是速听有个很大的缺点，就是用起来不方便。我们不可能记什么东西都提前录下来吧，而且还要找到相应的软件来播放。我感觉不如直接自己小声地读、快速地读。这样多方便啊！

老石：我有个绝招，可以让你既不用提前录，也不用软件，还不用自己读。

刘敏：还有这样的方法吗？

老石：这个方法是我独家研制的，你可不能告诉别人。

刘敏：好的，我一定保密。

老石：把需要记忆的内容打印出来，然后花500块钱雇个人，让他贴身跟着你。你走到哪他就跟到哪，确保不能离开你超过一米的距离。

刘敏：我没听懂，然后呢？

老石：然后就是让他在你耳边不停地读你打印出来的文章，一分钟也不能休息。直到你把这篇文章烂熟于心为止。

刘敏：哈哈。你太逗了，你这是花钱请了个人肉复读机吗？

老石：保密！我说了，要保密！嘿嘿！

政治、历史、地理的记忆

老石：对于很多文科类的填空题，刘老师有啥好的记忆方法没？

刘敏：对于填空题，直接用串联就可以啊。

老石：直接串联？怎么串联？比如下面的题目你给演示一下呗。

> 世界地势最低的国家是**荷兰**。
>
> 世界最长的裂谷是**东非大裂谷**。
>
> 最早懂得人工取火的是**山顶洞人**。
>
> 我国的立国之本是**四项基本原则**。
>
> 中华文化的主要载体是**汉字**。

刘敏：像这类问题，就直接用题干和答案作串联就可了，根本不需要定桩啊。

老石：题目本身就是桩子，答案就是桩子上保存的图像内容。

刘敏：太对了，可以这样理解。

老石：比如"地势最低的国家是荷兰"，该如何串联呢？

刘敏：先想象出"地势最低的国家"的形象，比如可以想象一个很大很深的坑，这个国家就在这个大坑里。然后再把答案"荷兰"也转成图像，与前面的"坑"联接到一起就可以了。

老石：荷兰，如果是我，我就用谐音转换成"盒篮"，就是一个盒子、一个篮子。

刘敏：也可以啊。因为这个国家很低很低，全都在大坑里面，所以要想出来，乘坐盒子和篮子，然后用绳子吊起来升到地面上。

老石：那什么人乘坐盒子，什么人乘坐篮子呢？

刘敏：这个随你怎么规定吧，只要图像中有盒子和篮子这两个图像就可以记住答案了。

老石：那盒子是我专用的，篮子是你们公用的。哈哈哈哈。

刘敏：好吧！你说了算，只要你愿意，你在大脑中怎么想象都能实现。

老石：那咱们就来快速地把其他的问题也用这种图像串联的方法记忆一遍吧。

刘敏：好啊！给你个机会，你来。哈哈。

老石：

世界地势最低的国家是**荷兰**——国家地势太低了，所以必须乘坐盒子和篮子才能出来。

世界最长的裂谷是**东非大裂谷**——一个非常长的裂谷中一只冬瓜在里面飞行。

最早懂得人工取火的是**山顶洞人**——某山的山顶上有个很大的山洞通红，因为山洞里的人成功实现了人工取火。

我国的立国之本是**四项基本原则**——要想把国家的地图立起来成为书本，必须要有四箱基本原子的支持。

中华文化的主要载体是**汉字**——一辆象征中华文化的车上拉的（载的）全是巨大的汉字字模。

刘敏：我感觉最后两个根本不用记，只要能理解，自然就记住了。

老石：彼得老师曾经有句话说得非常好："凡是仅靠理解就能记住的内容，就不要启用记忆法！"

刘敏：那像下面这样不止一个简单的答案，那是多个答案的题目应该如何记呢？

> 黄河自发源地到入海口依次流经的地区：
> **青海、四川、甘肃、宁夏、内蒙、陕西、山西、河南、山东**

老石：我的另一本书也有讲过这个例子。我用的方法是串联。

在一片**清清**的**海水**中，有**四条船**在行驶。船缓缓开进了一片**甘蔗林**中，撞倒了不少的甘蔗。甘蔗上长满了**柠檬**，柠檬飞起了，碰中了远处的**蒙古包**。蒙古包中一道闪电，**闪电**闪过天空，劈开了一座大山。**山**上有条河汹涌地向山下流去，**河**里漂着一个大**南瓜**。南瓜顺河而下，最终漂进了一个大**山洞**里。

刘敏：哈哈，这个方法也不错啊，我来回忆一下看看。

清清的海水——青海

四条船——四川

甘蔗林——甘肃

柠檬——宁夏

蒙古包——内蒙

闪电——陕西

大山——山西

河里的南瓜——河南

山洞——山东

老石：不错，满分。刘大师有没有更好的方法呢？

刘敏：方法很多，好不好不知道。看个人喜好吧！比如下面的题目，就可以用画图法来记忆。

> 唐宋八大家：
> **苏轼、苏洵、苏辙、韩愈、柳宗元、王安石、曾巩、欧阳修**

老石：哈哈，这个也太搞笑了。我来看看。

冯巩——曾巩

三把梳子——三苏（苏轼、苏洵、苏辙）

嘴里含着鱼——韩愈

柳树——柳宗元

石头——王安石

老石：这个太阳，代表什么？

刘敏：你看还缺哪位大师？

老石：我数数……还缺少"欧阳修"。噢，明白了，"阳"，欧阳修。

刘敏：是不是画一遍就记住了？

老石：是的。对于没有顺序要求的题目，这种方法更简单，而且记忆效果更好。

刘敏：是的，特别是对于中小学生，这种方法更适合，他们也更喜欢这种涂鸦的方式。

物理、化学、生物的记忆

刘敏：石老师对物理、化学、生物这类理科的知识，有什么好的记忆方法吗？

老石：我个人一直的观点是，尽量不要在理科的知识中使用记忆法。特别是理科公式包括数学公式的记忆，我个人非常不建议使用记忆法。

刘敏：为什么呢？

老石：因为公式是后期用来解题的，考试的时候不会考默写公式的原文。也就是说，即使能够通过记忆把公式记下来，如果不能理解公式的意思，不会用公式去解题，那记住公式又有何用？

刘敏：对，如果完全不理解的话，确实记住了也不会用。

老石：所以，我一直跟很多的成人学员讲。如果有一种考试，在开卷的假想前提下你没有办法拿到接近满分，那记忆法对这种考试的帮助就不大。

刘敏：这种类型的考试很多吗？我怎么感觉每次考试都好期望能开卷啊！

老石：当然很多。最常见的数学类、物理类考试，包括英语类考试你拿着课本进去似乎也没多少帮助，除了能抄几个个别的单词。还有像作文、论述类的题目，也不是开卷能解决的啊。

刘敏：这样一想，确实有很多考试不是记忆法能解决的。那对于这类学科的知识，有什么好的解决方案吗？

老石：有哪，而且你也应该一直在用，只是你没有在意它而已。

刘敏：我一直在用？

老石：是的。这个工具就叫"思维导图"。

刘敏：好吧，我确实一直在用。不过像化学、生物这样的课程中，也有很多需要记忆的知识点啊？

老石：是的，对于纯记忆的知识点，就可以用记忆法来帮助记忆了。比如化学中的金属活跃顺序表：

　　钾　钙　钠　镁　铝　锌　铁　锡　铅　氢　铜　汞　银　铂　金

刘敏：这个我有印象，我还记得有一幅手绘的画呢。

老石：哈哈，画得不错。你还记得三句口诀吗？

刘敏：我想想……

  嫁　给　那　美　女

  心　铁　细　纤　轻

  统　计　一　百　斤

老石：不错不错。其实利用同样的方法，我们可以借助谐音，把"元素周期表"给背下来。

刘敏：这也可以吗？

老石：是的，我就分享给大家吧。

刘敏：那太好了。

老石：其实记忆元素周期表也很简单，只需要把数字编码的01、06、11、16、21、26……91、96拿出来，当作数字桩。然后把元素周期表每五个编成一句话，然后转成图像。再用数字编码把图像联接起来，这样很快就记下来了。

刘敏：是不是所有的元素我们都采用谐音法？

老石：是的，谐音法好记。因为本来很多元素我们就不熟悉它们的读音，这样正好可以解决读错的问题。

刘敏：不错，那就赶紧把你的记忆口诀分享给大家吧。

老石：好的。

《元素周期表》助记词

（注：数字桩以作者的数字编码图像为例，各位读者朋友在记忆时可以自行替换为您自己的数字编码图像，也可以用作者的图像来记忆。两种方案均不影响记忆效果。）

01——铅笔：青海里皮棚　　　　36——山鹿：刻螺丝一刀

06——哨子：碳蛋养富奶　　　　41——丝衣：泥木得俩老

11——筷子：那没驴归林　　　　46——鲜肉：八银鸽音戏

16——石榴：柳绿芽加盖　　　　51——武艺：替弟点仙色

21——鳄鱼：抗抬翻各猛　　　　56——蜗牛：背篮石扑女

26——柳树：铁鼓捏铜心　　　　61——摇椅：破山有嘎特

31——鲨鱼：夹着身吸嗅　　　　66——绿豆：滴火耳丢衣

71——金鱼：炉哈痰无来   91——球衣：普友拿不没

76——犀牛：鹅一波进宫   96——油篓：拒赔开爱费

81——蚂蚁：它铅笔颇爱

86——八路：东方雷阿土

刘敏：确实不错，看来我也可以在一小时内把元素周期表全文背下来了。

老石：一小时？

刘敏：怎么？背不下来吗？

老石：什么呀！你是大师，五分钟就够了！

第五章 英语的记忆应用

宸宸：妈妈，学校什么时候开始有英语课呢？

妈妈：一般的学校是小学三年级开始。

宸宸：为什么非要让我们小孩子学英语呢？英语单词那么多，这怎么记啊？

妈妈：汉语字词更多啊，你不也已经掌握了一千多个汉字了呀！这样算起来，你认识的汉语词语也有好几万了呀！

宸宸：可是汉语好学呀，我只需要写几遍就记住了！

妈妈：英语单词更好记，你想不想学更快的记英语单词的方法啊？

宸宸：好啊，好啊！

宸宸：妈妈，为什么非要学英语呢？

妈妈：因为英语是世界上最容易学的语言，也是使用国家最多的语言。

宸宸：最容易学？骗人的吧？英语太难了！汉语多好学啊！

妈妈：那是因为你从小生活在中国，生活在汉语的环境中。中国的小朋友学英语比英语国家的小朋友学汉语可容易多了。

宸宸：可是那么多的单词要记，根本记不住。你看我学了好几年了，连1000个单词也记不住。

妈妈：没关系，这1000个单词是英语中最常用的单词，你一旦掌握了这些单词，后面的单词再记起来，就容易多了。

宸宸：容易？那不还是要一个一个地记嘛！

妈妈：是的，但是方法可以不同啊。咱们一起来学习快速记忆英语单词的方法好不好？

宸宸：记英语单词也有更好的方法吗？

妈妈：当然有。

英文记忆体系

宸宸：妈妈，英语真的好学吗？我学了这么久，怎么感觉还是汉语好学啊！

妈妈：其实英文是世界上公认比较简单易学的语言。世界上欧美国家的语言，像英语、法语、德语、包括中国的维族语言和藏族语言等部分少数民族语言，都属于一维文字。而汉语等部分亚洲国家使用的是二维文字。

宸宸：什么是一维文字？什么是二维文字？

妈妈：我问你，汉语中的词语是由什么组成的呀？

宸宸：是由一个一个的字组成的呀。两字词、三字词、四个字的叫成语。

妈妈：那单个的汉字又是由什么组成的呢？

宸宸：是由偏旁和部首啊！再分得详细一点就是由笔划组成的。笔划一共有五种，横、竖、撇、捺、弯。字的结构又分为独体字、上下结构、左右结构、杂合结构。

妈妈：唉哟，我们宸宸不得了啊！这都能讲语文课了！

宸宸：那是。具体分还分为上中下结构、左中右结构、半包围结构等。

妈妈：好了，别显摆了。我问你，你既然知道中国的汉字有这么多种结构，那我现在就告诉你，中国汉字的这种结构就叫二维结构。

宸宸：我还是不明白，为什么叫二维？

妈妈：就是说，汉字中的偏旁、部首、笔画在组成一个字的时候，是在上下和左右两个方向上自由组合的。也就是说，既可以左右排列，也可以上下排列。这种结构就叫二维结构。比如妈妈的名字中的"敏"就是由偏旁部首先上下组合，再左右组合形成的。

第五章 | 英语的记忆应用

宸宸：那英语呢？

妈妈：你现在想想，你学过的所有英文单词中，是不是所有的单词都是把字母从左向右排列的？你见过哪个单词是把字母上下排列的吗？或者哪个单词是一个字母包着另一个字母？像中国的半包围结构、全包围结构？你见过像下面这样排列的英文单词吗？

宸宸：妈妈，您太搞笑了，哪有这样的单词？我猜这个单词是"study"。

妈妈：为什么要猜"study"，为什么不是"styud"？只要顺序变一下，就可能变成另一个单词啊？

宸宸：难道汉字的偏旁部首组合起来不是同一个字吗？

妈妈：你这汉字白学了？来，咱们猜一个谜语吧！

> 一木口中栽
> 非杏又非呆
> 若把困字猜
> 笑你没文才

宸宸：什么呀？我最不喜欢猜谜语了。

妈妈：那好吧，我直接告诉你答案吧。谜底是"束"。

宸宸：什么意思呢？

妈妈：意思就是说，同样是一个"木"和一个"口"，因为结合的方式不同，就可组合成不同的汉字。你看下面的字，全是由"木"和"口"组合而成的。

杏　呆　困　束

宸宸：哦，我明白了。英文单词的字母只能左右排列，就算是调换一下，也只能前后调换。比如"no"的"on"，这两个字母组合出来，只有这两个单词。而不能像汉字一样上下组合，里外组合，胡乱组合。是这意思吧？

on no ᓍ ᓋ ⓝ ᑎ

妈妈：胡乱组合？！哈哈，你这还真是胡乱组合。不过，你理解的意思没错。

宸宸：但是，这又能说明什么呢？

妈妈：所有一维的语言文字，在记忆的时候，就比二维的文字要容易得多。因为我们只需要记住是123，还是321的顺序就够了，而不需要来记忆123的平面位置关系。

宸宸：哦，我懂了。但是那同样需要记忆啊！我还是觉得很难。

妈妈：别着急，我们一点一点地来学习英文单词的记忆方法。现在我问你，记住一个单词，我们需要记哪些内容呢？

宸宸：哪些内容？当然是能默写了！

妈妈：其实，记忆一个英文单词，需要记忆的有这样几项内容：

> 单词的中文
> 单词的拼写
> 单词的发音
> 单词的用法

宸宸：单词的用法是什么呢？

妈妈：用法严格意义上讲，是属于英语语法的范畴。这个应该是英语老师负责讲解的部分，和咱们要讲的记忆方法关系不大。

宸宸：单词也有语法？

妈妈：就是单词的词性啊、复数形式啊、过去式过去分词的变换啊、前后跟的介词等。就是一些变化的内容。

宸宸：哦，那前面的三个应该如何记呢？

妈妈：前面的中文意思、拼写以及读音是可以用记忆方法来解决的问题。特别是前面的两项：中文意思和单词拼写。

宸宸：那怎么来记呢？

妈妈：别急。我们先来玩个游戏，我问你几个非常有意思的题目，你来回答。

宸宸：难吗？

妈妈：当然，不难就没意思了。

宸宸：好吧，我喜欢难的挑战。

妈妈：别高兴太早了，来看下面这三个题目：

> 1.什么狗既不叫也不咬人？
> 2.有什么简单的方法能让雪梨变成明珠？
> 3.有什么办法能让熊快速地掉眼泪？

宸宸：这都是些什么呢？这是脑筋急转弯吗？

妈妈：算是吧，不过我可以告诉你，这些题目都和单词的记忆有关系。

宸宸：和单词记忆有关？答案都是英文单词吗？

妈妈：是的，答案都是英文单词。

宸宸：猜不出来。

妈妈：好吧，我提示一下。第一个的答案是一种食品。

宸宸：食品？食品……食品……，我知道了，"hot dog"，对吧？

妈妈：回答正确。还有两个。

宸宸：另外两个实在想不出来了。

妈妈：我问你，雪梨的英文怎么说？

宸宸：pear。

妈妈：明珠的英文呢？

宸宸：不知道，没记得学过这个单词。

妈妈：pearl，这个单词没学过吗？

宸宸：哦。这个单词啊，好像是学过。

妈妈：现在知道这个问题的答案了吗？

宸宸：还是不知道，这两个单词之间有什么有关系？"pearl"比"pear"多了一个字母"l"。

妈妈：对。这就是这两个单词的区别，也是这个问题的答案。

宸宸：什么答案？

妈妈：答案就是"只需要拿个小棍儿从旁边敲一下，雪梨"pear"就马上变成明珠"pearl"了。

宸宸：这是什么破答案？！这明明就是强词夺理、生搬硬套！

妈妈：别激动，还有一个题目。

宸宸：那我也会生搬硬套。熊是"bear"，眼泪是"tear"。字母"t"像是雨伞，怎么生搬硬套呢？我只要用雨伞把熊的"b"盖上就变成"眼泪"了。

妈妈：哈哈，算你对吧。其实可以想象我们踢（t）熊一脚，熊就马上流眼泪了。

宸宸：太扯了，一点意思也没有！为什么要来回答这些如此无聊的题目？

妈妈：无聊吗？我觉得挺有意思的啊！

宸宸：妈妈，您好幼稚啊！哈哈哈哈。

妈妈：好吧。如果我告诉你，这三个问题其实就是英文单词记忆的十种方法呢？

宸宸：什么？记单词的十种方法？我怎么没发现？

妈妈：别急，咱们一起来慢慢发现。

英文单词记忆

妈妈：常用的英文单词的记忆方法有这样几种。咱们先来看看刚刚的那三道智力急转弯代表的四种记忆方法。

宸宸：每个题目都是一种方法吗？

妈妈：是的。比如第一个题目的答案是"热狗"，英文是"hot dog"。其实就是两个单词的组合。

```
hot  +  dog  =  hot dog
热   +  狗   =  热狗
```

宸宸：这叫什么方法，这谁不会啊？

妈妈：其实这样的单词还有很多，比如：

```
黑板：blackboard —— black（黑）+ board（板）
篮球：basketball —— basket（篮子）+ ball（球）
生日：birthday —— birth（出生）+ day（日期）
警察：policeman —— police（警务）+ man（人）
书包：schoolbag —— school（学校）+ bag（背包）
户外的：outdoor —— out（在……外面）+ door（门）
灯光：lamplight —— lamp（灯）+ light（光）
```

宸宸：原来有这么多的组合词啊！

妈妈：是的，其实很多的单词都是组合出来的，上面这些还都是完全的组合词，还有些单词并不是由两个完整的单词组合出来的，而是由一个单词加几个字母或者两个不完整的单词组合出来的。

宸宸：您是说单词的前缀和后缀吗？

妈妈：可以这样理解吧！比如"welcome"，是欢迎的意思。这个单词怎么记呢？

宸宸：我知道"come"是"来"的意思，"wel"是什么意思呢？

妈妈：在英文中没有"wel"这个单词，但是我们可以把它当成"well"，就是"好的、好吧、非常好、真棒"的意思。所以，连在一起就是"你来了太好了、你来了太棒了"的意思。那不就是"欢迎"的意思吗？

宸宸：哦，还可以这样联想啊！

妈妈：是的，其实有没有道理不重要，能够帮你记住这个单词才是最重要的。这就是我们常说的记单词的"一个中心，两个原则"。

宸宸：什么一个两个的？

妈妈：哈哈。一个中心，就是以"效果第一"为中心。也就是刚才说的，不要去纠结这样记忆有没有道理啊，对不对啊。只要这种方法能够帮助你快速地记住这个单词，就达到了记单词的效果了。这就行了，至于用的方法对不对，不那么重要。

宸宸：那两个原则呢？

妈妈：两个原则，一是灵活使用的原则，二是以熟记新的原则。

宸宸：灵活使用我明白啥意思，这"以熟记新"是什么？

妈妈："以熟记新"就是用自己已经记住的、熟悉的内容来记忆不熟悉的、陌生的内容。

这就叫"以熟记新"。

宸宸：除了这些，还有什么方法来记单词吗？

妈妈：我们刚才说的，只是来给你解释在使用记忆法记单词时的一些原则，真正的方法我还没开始讲呢！

宸宸：啊？！

妈妈：不要惊讶，咱们一个一个地来！

方法一：字母编码法

妈妈：所谓字母编码，就是把不同的字母组合想象成不同的图像。比如"oo"就可以想象成"眼镜"或者"望远镜"。

宸宸：是因为"oo"像两个圆圈吗？

妈妈：是的，同样的道理，有很多的字母或者字母组合可以这样来编码。比如：

```
u —— 杯子
i —— 蜡烛
n —— 门
r —— 小草
```

宸宸：那字母"d"是不是可以想象成"马蹄"？

妈妈：当然可以。不过更多人习惯把"d"和"g"想象成"弟"和"哥"。包括一些类似的字母组合也是这样。

```
d —— 弟
g —— 哥
ad —— 阿弟
ag —— 阿哥
ld —— 老弟
lg —— 老哥
```

第五章 | 英语的记忆应用

```
dd —— 弟弟
gg —— 哥哥
```

宸宸：怎么全是哥哥、弟弟？就没有爸爸、妈妈、姐姐、妹妹吗？

妈妈：这个当然可以有，就看你自己的喜好了。

宸宸：这是自己随便取的啊？不是规定的标准啊？

妈妈：这哪里有什么标准，只是一些习惯。大家觉得好，用的人就会越来越多。比如"mm"，你觉得应该是"妈妈"还是"妹妹"？

宸宸：我肯定用"妈妈"，因为我没有妹妹。

妈妈：哈哈，好吧。其实还有更好的编码。

宸宸：是什么？难道是"美美"？

妈妈：难道只能是人物吗？就不能想象成其他的嘛？

宸宸：其他的？什么？"馍馍"？

妈妈：哈哈，你想象力还真丰富。其实更容易让人想到的是一个长度单位"毫米"。

宸宸：那"m"是不可以想象成"米"？

妈妈：可以啊，不过不止这些，还有些更有意思的编码。比如：

```
l  —— 数字1
o  —— 数字0
oo —— 数字00
b  —— 数字6
q  —— 数字9
z  —— 数字2
```

宸宸：全是数字！

妈妈：这一类全是与数字有关系的。其实还有很多很多的编码，而且每个字母的编码也不是固定的。比如字母组合"oo"，有时候我们把它想象成"望远镜"，有时候我们把它想象成"数字00"。这个要灵活运用。

宸宸：这怎么灵活运用？有什么规律吗？

妈妈：规律就是便于整体地想象图像。

宸宸：不明白。

妈妈：咱们来看几个具体的单词就明白了。

宸宸：好吧。

妈妈：比如单词"loom——织布机"，你觉得这个单词怎么形成图像更好啊？

宸宸：不知道，为什么要形成图像呢？

妈妈：前面在讲其他记忆方法的时候咱们不是已经讲过吗？任何记忆的信息都要转换成图像保存在大脑中，才会记得更快、忘得更慢。包括前面咱们说的几个特殊的记单词的例子也是一样，目的就是把单词转换成图像。

宸宸：似乎不转成图像我也能记住啊？

妈妈：是的，对于有些单词来说，短时间内或者单词量很少的时候，似乎感觉不出转换成图像的优势，而且还觉得是额外做了很多的无用功。但是当一次性记忆几十个甚至几百个单词的时候，就能感受到图像记忆的好处了。而且图像记忆单词还有个更重要的特点，就是记得快同时还能忘得慢。

宸宸：图像就是想象一个故事吗？

妈妈：不是的。前面咱们学习词语串联联想的时候不是已经学过吗？图像法和故事法是有区别。图像注重的是颜色、形状、动作，而故事注重的是故事情节。

宸宸：我知道了。图像都是要有颜色、形状、动作的，而情节不一定。比如"我想、我觉得、我有"这类的描述就属于情节。

妈妈：对，我们应该构建的"我拿着、我走向、我挽着"等这样的动作。

宸宸：那我明白了。可是单词在构建图像的时候，都包括哪些图像元素呢？

妈妈：为了帮助记单词，一个单词的图像中要包含单词的本意对应的图像、字母编码的图像以及一些辅助的图像。比如刚才的单词"loom"织布机这个单词。咱们要先把单词拆分成几个部分，并根据拆分出来的部分形成图像。

宸宸：我觉得折成三部分"l + oo + m"，分别是"数字1、望远镜、米"。

妈妈：哦？这个拆分的方法很奇怪啊，那怎么组合成图像呢？

宸宸：可以想象成一个一米长的望远镜。

妈妈：这样不全面啊！还有单词的本意没加进去呢？单词的本意是"织布机"。

宸宸：我用一个一米长的大望远镜观看织布机。

妈妈：哈哈，听上去好像不错。实际上这样的图像在后期回忆的时候是很容易忘记的。因为望远镜和织布机之间并没有发生关系。虽然听上去好像一个"看与被看"的关系，但这种关系的链接太不紧密了，特别容易忘。

宸宸：那怎么联结才能让它们关系紧密呢？

妈妈：最好的策略是直接换另外的拆分。比如把"loo"直接想象成数字"100"，把"m"想象成长度单位"米"，合起来就是"100米"。

宸宸：妈妈，你还教育我"一定要有图像"，你的图像呢？"100米"是图像吗？是"100米"长的大尺子吗？

妈妈：哈哈。你别着急啊，还没说完呢！单词的本意是"织布机"，这时候我们先想象出"织布机"的样子，然后和前面的"100米"联结到一起，就形成一个组合的图像："一台织布机上织出来了一卷100米长的布"。这样是不是就有清晰的图像了？

宸宸：哦，原来是这样组合啊？！我明白了。

妈妈：那好，你来组合几个类似的吧。

　　　　bloom —— 花期、花丛、花簇

　　　　gloom —— 忧郁

宸宸：第一个，"bloo"可以想象成"数字6100"，加上后面的"m"就是"6100米"。与单词的本意组合起来就是"6100米花丛"。就是很大很大很大很大的一片花丛。

妈妈：不错！继续！

宸宸：第二个，"g"可以想象成"哥"，后面还是"100米"。不过怎么和单词的本意"忧郁"联系到一起呢？

妈妈："忧郁"可以用前面咱们学习的方法，想象一个代表忧郁的表情、动作或者人物出来。

宸宸：是用谐音法吗？

妈妈：谐音法、意会法都可以。

宸宸：我想想啊。忧郁、由于、有雨、鱿鱼。咦？"鱿鱼"不错。

妈妈：那怎么组合图像呢？

宸宸：哥抓到了一条100米长的大鱿鱼。

妈妈：很形象噢！不过时间长了，你还能记起这个忘记的本意吗？

宸宸：本意不就是"鱿鱼"吗？

妈妈：本意不是"鱿鱼"，是"忧郁"，就是很伤心、很难过、很忧伤的意思。

宸宸：哦。那怎么处理？就不能用谐音法了？

妈妈：可以用，只不过再加点信息就可以了。比如

哥抓到了一条100米长的鱿鱼，但是哥很忧郁不知道怎么处理这条鱿鱼。

宸宸：原来是这样啊，不过你前面不是讲过一定要有图像，不能用"我想"吗？

妈妈：所以，你就要想办法把哥忧郁的样子用一个动作或者形象来代替。

宸宸：哥哥皱着眉头，看着这条100米长的鱿鱼唉声叹气。

妈妈：很好，这样这个单词的图像就完美了。

练习材料 请用字母编码法把下面的单词拆分记忆下来。

单词	词义	拆分	联结
lunch	n.午餐		
assess	vt.估定，评估		
born	v.出世		
wall	n.墙壁		
door	n.门，家，门口		
school	n.学校		
farm	n.农场，农家		
frog	n.青蛙		
bull	n.公牛		
wood	n.树林，木材		

方法二：熟词分解法

妈妈：还有些单词虽然很长，但是只要仔细观察就会发现，它们是由一个一个原本认识的很简单的单词组成的。

宸宸：妈妈，你前面讲过了，这种词叫组合词。比如"birthday、blackboard、moonlight"等。

妈妈：哦，看来你记得很清楚啊。不过现在妈妈要说的这种分解，还不是这种情

况。比如你看这个单词。

$$\text{hesitate} —— 犹豫，顾虑，疑虑$$

宸宸：这里面哪有可以拆解出来的单词啊？

妈妈：你看，我们现在把这个单词拆分成下面的样子。

$$\text{hesitate} = \text{he} + \text{sit} + \text{ate}$$

宸宸：妈妈，你就是乱拆吧？哪能这么拆呢？

妈妈：还记得之前我说过的一句话吗？在进行记忆的过程中，有效果比有道理更重要。只要能帮你快速地记住想记的信息，任何方法都是可行的，都是正确的。

宸宸：好吧。不过我没看出这样拆有什么好处？

妈妈：首先咱们来看，拆分完了后，这三个单词你是不是都是你熟悉的单词？

宸宸：那当然，这三个单词太简单了。"他、坐、吃"。

妈妈：很好啊，那我们就可以来构建这个单词的图像了。

宸宸：还是通过图像联想吗？像前面的方法一样？

妈妈：是的。不过还可以想象更丰富一些，大胆一些。比如，咱们先把这个单词的中文意思"犹豫"谐音成"鱿鱼"。

宸宸：刚才的"gloom"不就是联想成"鱿鱼"吗？这个也要谐音成"鱿鱼"？

妈妈：是的。不过不用担心，只要我们联想出来的图像不一样，就可以表达不同的意思。

宸宸：都是"鱿鱼"还有不同吗？

妈妈：是的，我们一起来看看这个单词的图像。

$$\text{hesitate} = \text{he} + \text{sit} + \text{ate}$$
$$犹豫（鱿鱼） = 他 + 坐 + 吃$$

你尝试把上面这些词语串联成一个场景试试。

宸宸：我试试。一只鱿鱼他坐在那儿吃东西。

妈妈：不太好，换一个试试。

宸宸：他坐在那儿吃鱿鱼。

妈妈：很棒，这个图像很好。不过要把单词的本意也加进去。

宸宸：是要把"犹豫不决"加进去？

妈妈：是啊。你想象一个动作或者表情来代表这个意思，然后再和刚才的图像联结起来。

宸宸：他坐在那儿想吃鱿鱼，但是很犹豫不决，不知道该吃不该吃。

妈妈：为什么犹豫不决？

宸宸：怕吃了长胖。

妈妈：哈哈。好吧。不过这种"犹豫不决"的图像似乎不是特别有特点。如果你想象这个人从来没吃过鱿鱼，不知道应该怎么吃，然后举着一串烤鱿鱼左看右看不知从哪里下口合适。这样的图像是不是就很有特点？

宸宸：妈妈，你是怎么想出来这么夸张的图像的？

妈妈：图像越夸张，记忆就会越深刻。你忘了？！

练习材料 请用熟词分解法把下面的单词拆分记忆下来。

单词	词义	拆分	联结
seabed	n.海底，海床		
seabird	n.海鸟		
seaman	n.水手，海员		
seawater	n.海水，海流		
bookshop	n.书店		
classroom	n.教室		
outside	adj.外面的，外部的；		
spaceship	n.宇宙飞船		
raincoat	n.雨衣		
everybody	pron.每个人，人人		

方法三：字母+熟词分解法

宸宸：妈妈，并不是每个单词都能拆分成已经熟悉的单词啊？

妈妈：是的，所以接下来咱们要说的就是第三种方法"字母+熟词分解法"。意思就是只要单词中有一部分是熟悉的单词，再和其他的单个或者多个字母结合，也可以形成帮助记忆的图像。

宸宸：我怎么感觉像是前面讲的第一种方法和第二种方法的组合呢？

妈妈：太对了。就是字母组合和拆分出来的熟词组合运用。比如下面这个单词：

$$\text{groom}\ \text{——}\ \text{新郎}$$

宸宸：是刚刚结婚的新郎官吗？

妈妈：是的。看到这个单词，你感觉怎么拆分好记啊？

宸宸：我只认识"room"，是"房间"的意思。

妈妈：这就可以了，只需要再和前面的字母"g"联结起来形成一个图像就可以了。你想象一下，哥哥在什么样的房间里能和"新郎"有联系呢？

宸宸：那肯定是结婚用的贴"喜"字的房间啊。

妈妈：好了。可以在大脑中构建这个单词的图像了。

宸宸：字母"g"前面有提过，可以想象成"哥"。那连在一起，是不是可以想象：

$$\text{哥走进一间贴满"喜"字的房间，就变成了新郎。}$$

妈妈：很好，这个图像非常形象。

练习材料　请用字母+熟词法把下面的单词拆分记忆下来。

单词	词义	拆分	联结
tend	vi. 趋向，倾向 vt. 照料，照管		
drill	vi./vt. 钻孔		
scold	vi./vt. 骂，责骂		
scarf	n. 围巾，头巾		
hall	n. 大厅，门厅，礼堂		
beer	n. 啤酒		
cute	adj. 可爱的，漂亮的，聪明的		
hair	n. 头发，毛发		
hand	n. 手		
meet	vt. 遇见，满足		

方法四：词素记忆法

宸宸：什么叫词素？

妈妈：有很多的单词是由同样的词根组成的，只是前缀和后缀不一样而已。那只需要记住词根最基本的部分，前缀加了什么，后缀加了什么。这样虽然只记忆了一个单词，但实际上记忆了一长串的单词。

宸宸：这有点像思维导图记忆啊！

妈妈：也可以这样理解，我们来看一个例子吧。比如下面这个单词：

agree —— 同意

宸宸：这个单词好像学过，有一点点印象。

妈妈：但是这个单词，可以衍生出很多与之相关的单词出来。如：

> agree v.同意，适宜，约定
> agreeable adj.愉快的，可行的，能接受的
> agreement n.同意，承诺，契约，符合
> disagree v.不同意，不适宜，意见不同
> disagreeable adj.不愉快的，难相处的，不合意的
> disagreement n.意见不同，不适宜

宸宸：意思都差不多啊！我感觉就两个意思，一个是"同意"，一个是"不同意"。

妈妈：很对，只是词性不同。其实上面的六个单词是两两相对的。

词性变化	肯定原形	否定前面 + dis
动词 v. （原形）	agree （词根）	disagree dis + agree
名词 n. 后面 + ment	agreement agree + ment	disagreement dis + agree + ment
形容词 adj. 后面 + able	agreeable agree + able	disagreeable dis + agree + able

宸宸：原来这些单词其实都是一个单词变化来的。

妈妈：是的，而且只要掌握了规律，根本不需要再花时间记单词。只需要记住词

性转化的规律和否定转化的规律，就自然记住了这一堆单词。

宸宸：是的，我已经记住了。名词后面加"ment"，形容词后面加"able"，否定前面加"dis"。

妈妈：厉害啊！那我考你一个？

宸宸：来吧！随便考。

练习材料　请用词素法把下面的单词进行拆分记忆下来。

单词	词义	词素	联结
like	喜欢		
dislike	不喜欢		
appear	出现		
disappear	消失		
honest	诚实的		
dishonest	不诚实的		
move	动		
movement	运动		
aggree	同意		
aggreement	协议		

方法五：谐音记忆法

宸宸：这个谐音和前面讲的抽象词转化的谐音是一样的吗？

妈妈：转换图像的原理是一样的，但是转化的内容不太一样。而且这种方法能不用尽量不要用。

宸宸：那为什么还要学这个？那就别用了呗？

妈妈：之所以说尽量不要用，是因为这种方法多多少少会对单词本身的发音有一定的影响。如果用多了，可能会影响大家学习单词正确的发音。只在那些实在记不住的单词，可以临时借用这种方法来帮助记忆。

宸宸：哦。那什么样的单词要用谐音法呢？

妈妈：其实在妈妈上学的那个年代，好多的同学都用这种方法。比如"thank you"，我们就会在上面写上三个字"三克油"，"school"这个单词就会标上"死固"。

宸宸：哈哈哈哈。我们现在要这么标，英语老师非要给我们把书撕烂了。哈哈哈哈。

妈妈：是的，这种方法是不提倡的。但我们那个年代音标都没怎么学好，所以也只能用这种方法。这毕竟也是帮助记忆的一种方法啊。

宸宸：难道你是让我学这种方法吗？

妈妈：只能说是借鉴这种方法。这里讲的谐音法要比这个复杂一点，因为我们不能偏离了一直在反复强调的一个重点，就是"图像"。

宸宸：您是说要把"三克油"变成图像吗？哈哈。

妈妈：你别笑，差不多就是这个意思。我们必须把"通过谐音转换出来的意思"和"单词原本的意思"的两个图像联结成一个图像，才能帮助我们记忆。

宸宸：是把"三克油"和"谢谢你"联结到一起吗？

妈妈：别折腾"三克油"了，我们来看一个新的单词吧。

bank —— 银行

宸宸：这个单词我认识啊。大街上到处都是银行！

妈妈：没关系，你可以把这个单词谐音一下试试。

宸宸：bank，帮客。里面的服务人员帮助客人取钱。

妈妈：还行，不过我有个更好的。"bank"的发音像不像"办卡"？然后可以联想办信用卡就必须要到银行去办。

宸宸：好吧。不过没觉得比我的好多少。

妈妈：哟哟哟！那咱们换个你不认识的单词。

pest —— 害虫

宸宸："pest"，派斯特，害虫。这个想不出来。

妈妈：其实很简单，只需要把"pest"谐音成"拍死它"就可以了。

宸宸：见了害虫就要"拍死它"。

妈妈：太对了。

宸宸：不错。这样一下子就记住了。"害虫"——"拍死它"——"pest"。

练习材料 请用谐音法把下面的单词联想记忆下来。

单词	词义	谐音	联结
January	n. 一月		
February	n. 二月		
March	n. 三月		
April	n. 四月		
May	n. 五月		
June	n. 六月		
July	n. 七月		
August	n. 八月		
September	n. 九月		
October	n. 十月		

方法六：拼音法

宸宸：是语文老师教的拼音吗？

妈妈：差不多吧，我们只是借鉴了拼音中的一些元素。比如"long"这个单词，意思是"长的"，但是它的拼写和"龙"的拼音完全一样。我们就可以把"龙"和"长的"联结到一起。

宸宸：有一条很长很长的龙。

妈妈：是的。不过像这样的单词少之又少。我们更多还是运用一些拼音的首字母或者拼音法与前面的方法相结合，用起来就方便多了。

宸宸：就是说单词中只有部分是拼音吗？

妈妈：也不完全是这样。比如这个单词：

palm —— 手掌，棕榈树

宸宸：这是两个意思吗？这两个意思差别好大啊，感觉完全不像是一个单词。

妈妈：类似这种单词还有很多，这就像咱们中文中的一字多意。比如下面的单词：

pen —— 钢笔，羽毛状物品，养殖场，牛（羊）的圈（栏）

well —— 好的，好吧，井，泉水，罐子

宸宸：我只知道"钢笔"和"好"的意思。

妈妈：咱们回到刚才的单词"palm"，继续来学习拼音法。我们先把单词进行一下拆分：

$$palm = pa + l + m$$

宸宸："pa"是拼音，后面的是什么呢？

妈妈：后面的我们可以联想为"老妈"的拼音首字母。

宸宸：老妈？

妈妈：是的。"lǎo"和"mā"的首字母分别是"l"和"m"。

宸宸：这个我知道。但是，为什么是"老妈"，这和这个单词有什么关系呢？

妈妈：这是为了便于生成有意思的图像。比如我可以联想成"我非常怕老妈伸出手掌，所以只要见到老妈伸出手掌，我就爬到棕榈树上躲起来。"

宸宸：哈哈，这个想象还真有意思。

妈妈：是的。这样再回忆这个单词的时候，只要想到"老妈一伸手掌，我就爬到棕榈树上"这个场景，就能拼写出这个单词"pa-l-m"。

练习材料 请用拼音法把下面的单词联想记忆下来。

单词	词义	拼音	联结
wolf	n. 狼		
cheese	n. 干酪		
chicken	n. 小鸡		
shirt	n. 衬衫		
tie	n. 带子，领带		
bath	n. 沐浴		
park	n. 公园		
post	n. 邮局		
bike	n. 自行车		
ship	n. 船		

方法七：换位法

妈妈：换位法其实很简单，就是一个陌生的单词，把其中的字母调换一个位置，就可以变成一个熟悉的单词。这就是换位法。

宸宸：你是说像"no"和"on"的关系？

妈妈：是的，不过一般是把一个陌生的单词换位成一个熟悉的单词。这也是记忆法不变的一个原则：用熟悉的内容去记忆陌生的内容。

宸宸：这样的单词很多吗？

妈妈：很多。比如"evil"这个单词，意思是"邪恶的、坏的"。虽然它对我们来说可能是个陌生的单词，但是如果把这个单词倒过来写，就是一个熟悉的单词了。

宸宸：倒过来？"l i v e"，哦，"live"，是"生活、居住"的意思。

妈妈：是的，这就是换位法。我们再来看几个类似的：

> devil —— 魔鬼，恶魔　　lived —— 居住，生活（过去式）
> pot —— 陶罐，瓦罐　　top —— 顶部，最上面的，尖
> wed —— 结婚　　　　　dew —— 露水，露珠

宸宸：虽然这些单词都有个共同点，就是顺序都是倒着的，但是还是记不住啊。

妈妈：你又忘了我们的法宝！用图像去记忆。把熟悉单词的图像和陌生单词的图像串联到一起，不就自然记住了吗？

宸宸：哦。这样啊，我试试。

> 我生活（live）的地方很坏（evil）
> 之前居住的（lived）地方有一个魔鬼（devil）
> 头顶（top）上顶着一个瓦罐（pot）
> 结婚（wed）的那天衣服上全是露水（dew）

妈妈：不错！你现在联想的能力越来越强了。

练习材料 请用换位法把下面的单词联想记忆下来。

单词	词义	联结
ten	num. 十，十个	
net	n. 网，网状织物	
meet	v. 遇见，碰到	
teem	v. 充满，挤满	
mart	n. 市场，贸易场所	
tram	n. 有轨电车轨道	
loot	vi. 抢劫，掠夺	
tool	n. 器具，工具	
not	adv. 不，不是	
ton	n. 吨，大量	

方法八：包含法

妈妈：包含法和前面的"词根词缀法"非常相似，就是指一个陌生的单词中有一部分是熟悉的单词。不同的是有可能熟悉的部分并不是一个完整的单词，或者说并不是连续的。

宸宸：没听明白。

妈妈：我们来看一个例子就明白了。比如：

particle —— 颗粒，粉末

宸宸：我看到了前面的"part"，但是后面不知道是什么。

妈妈：后面的部分就是我说的不是一个连续的单词。如果我把字母"l"暂时拿走，是什么单词呢？

宸宸："i-c-e"，哦，"冰"的意思。

妈妈：对。那这时候和前面的"part"连起来，就可以想象成"一部分冰"或者"冰的一部分"。

宸宸：为什么要这样想？字母"l"不要了吗？

妈妈：当然要，这时候可以想象字母"l"就像是一根木棍，从上面把冰（ice）给戳碎了。那本来就是"部分冰"被戳碎之后，变成什么了？

宸宸：就变成了"颗粒、粉末"了。

妈妈：太对了。这样是不是很容易就记住了。

练习材料　请用包含法把下面的单词联想记忆下来。

单词	词义	包含单词	联结
office	n. 办公室，事务所		
shoe	n. 鞋子		
today	n. 今天		
corn	n. 玉米		
storm	n. 暴风雨		

方法九：归纳比较法

妈妈：归纳比较法，也有人称为"串糖葫芦法"。就是把一些非常相似的单词都列出来，一次性记下来的方法。

宸宸：怎么串糖葫芦？

妈妈：一般有三种串法。一是形状相似、二是发音相似、三是意思相似。

宸宸：good、well、ok、fine、better，这些单词都是"好"的意思。

妈妈：对，这就是第三种穿法，"意思相似"。

宸宸：另外的两种相似呢？

妈妈：形状相似的最多了。比如：

　　　　ear —— hear　fear　dear

　　　　ever —— never　clever　fever　forever

　　　　fall —— hall　tall　call　mall

　　　　fall　　fill　full　fell　foll

宸宸：这样的单词太多了吧，随便一个单词稍微变化一两个字母都会变成另外的单词。

妈妈：是的。读音相似也有很多：

be —— bee
bit —— beat
blue —— blew
horse —— house

宸宸：如果把一个单词三种相似的都列出来，那得多少单词啊！至少也得几十个吧。

妈妈：是的。所以也有人把这种记单词的方法叫"思维导图记单词法"。就是每记一个新单词，都画出这个单词的思维导图，把与这个单词相关的词语全列出来，一并记下来。除了上面的相似，还包括它的词性变化、词形变化、近义词、反义词等。

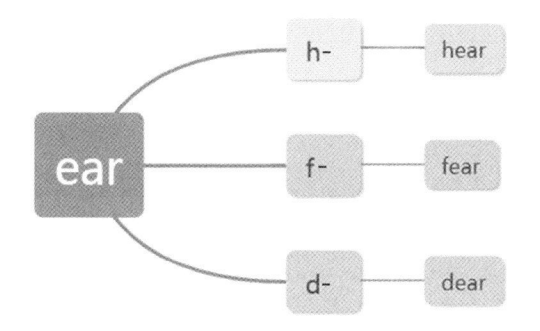

```
        h- —— hear
ear ——  f- —— fear
        d- —— dear
```

练习材料　请用归纳比较法对下面的单词进行联想并填入思维导图中。

age 年纪　page 书页　wage 工资　village 村庄　passage 通道

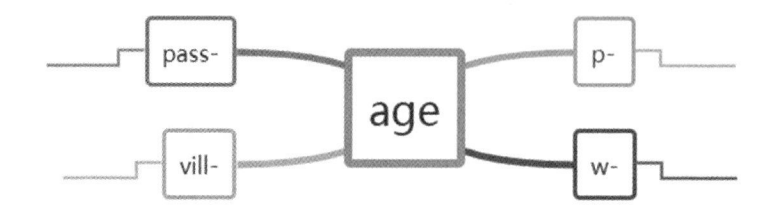

```
pass-           p-
     \         /
      age
     /         \
vill-           w-
```

方法十：词语串联法

妈妈：词语串联法，是为了更好地记忆上一种方法中的一系列单词。比如与"ear"相似的单词有：

```
year —— 年
clear —— 晴朗
bear —— 狗熊
ear —— 耳朵
dear —— 爱人
swear —— 誓言
tear —— 眼泪
wear —— 戴上
pear —— 梨
fear —— 害怕
near —— 附近
hear —— 听见
```

宸宸：是要把这些单词串联起来吗？这怎么串联？

妈妈：我们可以编一个有意思的小故事，把单词的意思串联起来就可以了。

有一 year（年），天空很 clear（晴朗），天空下有只 bear（狗熊）被割掉了 ear（耳朵）。于是 dear（爱人）被气跑了，熊想起了当年的 swear（誓言），伤心地流出了 tear（眼泪）。熊 wear（戴上）眼镜，啃一个 pear（梨），但心里还是很 fear（害怕），因为老虎在 near（附近），他害怕老虎能 hear（听见）。

练习材料 请用词语串联法把下面的单词联想记忆下来。

dad —— 爸爸
bad —— 坏的
sad —— 悲哀的
cat —— 猫
fat —— 肥的，胖的
rat —— 大老鼠

方法之外的方法：借力

宸宸：妈妈，虽然这些方法都很好，但是遇到一个新单词的时候，我还是不会用。因为自己设计这些单词的拆分太难了。而且有拆分的时间，我死记硬背都记住了。

妈妈：你说得很对。但我们了解了这些方法，并不是要求我们每个遇上的新单词都要亲自去拆分。我们可以借力啊。

宸宸：怎么借力？

妈妈：现在已经有很多的大师把初中、高中、大学的常用单词拆分好了，我们找到这样的书，直接拿来用就可以了。

宸宸：有这样的书吗？

妈妈：这样的书有很多，国内已经有好几位记忆大师出版了专门记单词的书。这些书就像是词典一样，已经把每个单词都拆分好了，直接拿来按上面的记忆策略记忆就可以了。

宸宸：那我们为什么还要花时间来学习这么多的方法呢？

妈妈：因为并不是大师们的每种设计都符合每个人的思维习惯。比如某个单词大师们设计的助记图像你觉得太别扭了，根本不好玩，也记不住。这时候你就可以灵活运用咱们前面学过的十种方法，自己重新设计记忆方案。

宸宸：就是说能用的就用，不能用的就重新设计。

妈妈：没毛病。

英文文章记忆

宸宸：妈妈，英文的课文怎么记呢？

妈妈：其实，课文的记忆非常简单。比单纯的记单词要轻松得多。

宸宸：可是我觉得课文那么长，好难记啊！

妈妈：那只是一种错觉，只要掌握了好的方法，就能记得非常快。现在我就教你七步记英文课文法。

宸宸：怎么又是七步法？记个英文课文还要七步？太麻烦了，有没有一步法？

妈妈：有啊！就是用刀在你脑袋上开个洞，然后把课文揉成小纸团硬塞进去。

宸宸：啊！还是算了吧！太恐怖了。

妈妈：那你还是好好学习这七步法吧！

宸宸：好吧。那什么是七步法呢？

妈妈：七步法就是记英文课文的七个步骤。

> 第一步，读熟。
> 第二步，翻译。
> 第三步，分节。
> 第四步，转图。
> 第五步，定桩。
> 第六步，回忆。
> 第七步，速听。

宸宸：这跟前面讲的记古汉语的方法一样啊。

妈妈：是的。记忆法就是这样的，俗话说"一通百通"。只要你掌握了一种材料的记忆方法，其他材料的记忆方法都是大同小异。只要稍作变通，就能运用自如了。比如下面这篇文章：

THE MONKEY AND THE CROCODILE

One day a little monkey was playing in a tall tree by the river. A crocodile was swimming slowly near the bank with her baby. She looked around for some food. Suddenly she saw the monkey. "Aha, there's my meal," she thought. She then turn to her son, "Do you love me, Son？"

"Why, of course, Mum！"the baby crocodile said."

"Well then, you catch the monkey and give me his heart to eat."

"But how can I？" the baby crocodile asked. "Monkeys can't swim, and I can't climb trees."

"You needn't climb the tree," his mother said. "Use your brain, then you will find a way."

The baby crocodile thought hard. Then he had an idea. He swam near the tree and shouted, "Hey, Monkey！Would you like some bananas？"

"Bananas! Mom! I love them," said the monkey. "But where are they?"

"On the other side of the river. There are some banana trees there, and they have lots of bananas on them. I'll take you there on my back."

"Good," the monkey came down and jumped onto the crocodile's back.

Soon they were in the middle of the river. Suddenly the crocodile went down under the water. When he came up again, the monkey was all wet. "Don't do that!" The monkey cried. "Don't do that again! I can't swim, you know."

"I know, but I have to," answered the crocodile. "My mother wants to eat your heart."

The little monkey was clever. "Why didn't you tell me earlier?" He asked.

"My heart isn't here with me. I left it in that tree over there."

"Then we'll have to go back for it. Mother doesn't want you without your heart." The crocodile turned and swam back to the bank.

Soon they reached the bank. The monkey jumped off the crocodile at once, picked up a big stone and quickly climbed up the tree. The crocodile waited for the monkey to come down again. As he was waiting, he suddenly heard a voice from above:

"Hey, Crocodile!"

The crocodile looked up. The monkey was hanging from the tree by his tail and laughing.

"Here's my heart. Come up and get it. Don't keep your mother waiting…You can't come up? Well, catch!"

With these words, he threw the big stone at the crocodile.

宸宸：《猴子和鳄鱼》，这篇文章我看过。

妈妈：如果要求背诵这篇文章，你有什么好的方法吗？

宸宸：我先看懂它的意思，然后尝试用中文讲一遍这个故事，然后就可以背诵了。只要多读几遍，就差不多能背诵下来了。

妈妈：不错，这种方法很好。不过如果再把文章划分为几个小块，每个小块形成一组图像，并且保存到地点桩上，这样背诵起来就更轻松。

宸宸：怎么划分？

妈妈：比如，我们把这篇文章大概划分为下面的样子。

地点1：狮子在树上

地点2：大小鳄鱼找吃的，大鳄鱼发现猴子

地点3：大小鳄鱼对话

地点4：小鳄鱼引诱猴子

地点5：猴子跳上鳄鱼背

地点6：鳄鱼淹猴子

地点7：小鳄鱼说出实情

地点8：猴子将计就计

地点9：猴子拿块石头爬回树上

地点10：猴子戏弄小鳄鱼

地点11：用石头打鳄鱼

宸宸：是不是还要找11个地点桩来保存这些图像？

妈妈：是的。不过这篇文章因为故事性太强了，也可以直接用串联的方法。可以先直接把这个故事串联起来，只要能记住故事的每一个细节就可以。

宸宸：还是用串联法更方便一些。

妈妈：对于这种故事性强的文章可以直接用串联法。下一步就是根据故事情节用英文把这个故事讲出来就可以了。当然为了能够讲得跟原文一模一样，最好是借助速听，来强化声音记忆。这样效率就会更高，而且会更准确。

第六章 数字快速记忆体系

宸宸：妈妈，记数字非要用编码吗？

妈妈：实践证明，编码是记忆数字最快的一种方法。

宸宸：可是我死记硬背也记住了好多人的手机号呀？

妈妈：那是你经过了很多次复述以后才慢慢记住的。如果让你在一小时内记住100个人的手机，你能做到吗？

宸宸：做不到！难道用数字编码能做到？

妈妈：数字编码配合定桩法，就能做到。世界记忆大师们都是这样做的。

宸宸：看来数字编码真的很神奇啊！

……

妈妈：终于要学习你最想学的记数字了。

宸宸：妈妈，我记得我小时候你跟我讲过用歌谣记圆周率。

妈妈：你小时候？你现在已经长大了？哈哈哈哈。

宸宸：就是我很小很小的时候，什么"山尖一寺一壶酒……"

妈妈：是的，这也是记数字的一种方法，不过只能记有限的几位。

附：以下是网络上流行的用谐音法记圆周率前100位的方法，现摘录供大家作参考。

先设想一个酒徒在山寺狂饮，醉死山沟的情景：

"山巅一寺一壶酒（3.14159），儿乐（26），我三壶不够吃（535897），酒杀尔（932）！杀不死（384），乐而乐（626）。死了算罢了（43383），儿弃沟（279）。"（1~30位）

接着，设想"死者"的父亲得知儿"死"后的心情：

"吾疼儿（502），白白死已够凄矣（8841971），留给山沟沟（69399）。"（31~45位）

再设想"死者"父亲到山沟里寻找儿子的情景：

"山拐我腰痛（37510），我怕你冻久（58209），凄事久思思（74944）。"（46~60位）

然后，是父亲在山沟里把儿子找到，并把他救活，儿子迷途知返的情景：

"吾救儿（592），山洞拐（307），不宜留（816）。四邻乐（406），儿不乐（286），儿疼爸久久（20899）。爸乐儿不懂（86280）。'三思吧（348）！'儿悟（25）。三思而依依（34211），妻等乐其久（70679）。"（61~100位）

宸宸：这也不好记啊，全是古文。我只记住了"山巅一寺一壶酒……"

妈妈：是的。费了这么大劲，才记了一百位。还是用数字编码比较快啊。

宸宸：可是数字编码有那么多，也需要花好长时间来记忆啊。

妈妈：数字编码只有100个。就算再难记，可是一旦记熟了，这可以一劳永逸。

宸宸：为什么是一百个呢？

妈妈：因为现在大部分的记忆大师采用的都是两位数编码，两位数就只有100个啊。

宸宸：为什么不用一位数编码呢？那只需要记10个就可以了。

妈妈：是的，一位数编码确实简单，你在幼儿园的时候就学过了。

1 像钢笔细又长

2 像小鸭水中游

3 像耳朵听声音

4 像小旗随风飘

5 像秤钩来买菜

6 像豆芽咧嘴笑

7 像镰刀能割草

8 像麻花拧一遭

9 像球拍来打球

10 像筷子加鸡蛋

宸宸：对啊，这多好记啊。

妈妈：是的。这确实好记，但是我们的目的并不是记住这10个编码。我们的目的是用这些编码来记其他的数字。

宸宸：那不是一样可以记吗？

妈妈：但你有没有想过，当我们记的数字很多的时候，就会出现太多太多重复的图像了。比如我们记圆周率100位。你知道这100位中出现了多少重复的图像吗？

宸宸：不知道，重复了又能如何？

妈妈：在圆周率的前100位中，出现了很多的1、很多的2、很多的8、很多的9，每个数字都出现了很多次。那你想想，你脑子里的图像还能保持清楚吗？

宸宸：可两位数就没有重复吗？

妈妈：也有啊，但是明显要少了很多，只有个别的几个图像是重复的了。

宸宸：那为什么不用三位数的编码图像呢？那样重复的不是更少吗？

妈妈：是的，你说的很有道理。如果用三位编码，在圆周率的100位中可能就没有重复的编码了。就算是圆周率的1000位中，出现重复的概率也会很少很少。

宸宸：对啊，那为什么不用三位数的编码呢？

妈妈：那你有没有想过熟记这1000个图像编码需要多长时间呢？刚才你还说要记忆100个图像编码也需要很长时间呢，现在怎么突然就想记1000个编码了？

宸宸：好吧……

妈妈：所以，综合考虑，用两位编码是一种比较实际的方案。既可以在短时间内快速地熟悉这些编码，又能很大程度地避免重码。现在国内的记忆大师们大部分都采用两位编码。

宸宸：就没有一个人采用三位编码吗？

妈妈：有，我听说过国内有几位大师采用的是三位编码。但是想熟悉三位编码达到比赛竞技的程度，估计至少要半年时间吧。这也是为什么很少有人用的原因。

宸宸：这么长时间啊！那熟悉两位编码要多久呢？

妈妈：这个还要看你准备熟悉到什么程度。如果要达到竞技比赛的程度，一般需要1~2个月的时间，但是如果仅为了应对普通的学习、工作和生活知识的记忆，一般情况下几天就够了。

宸宸：这么快啊？一天能行吗？

妈妈：只要你足够努力，一天也能掌握个大概。

宸宸：欧耶！我争取一天就记住。

妈妈：好啊，加油！我相信你！

数字形象转化

妈妈：数字编码的制定，一定要遵循这样的几个原则：

　　　　　　　　长得像（形似法）

　　　　　　　　听着像（谐音法）

　　　　　　　　想得起（代替法）

　　　　　　　　我愿意（个性法）

宸宸：这都什么呀？还我愿意？我不愿意！

妈妈：哈哈，别着急，咱们一个一个地慢慢学习。数字编码，就是把每个两位数都规定一个固定的图像。还记得前面咱们学习的英文字母编码吗？

宸宸：记得，"oo"代表"眼镜"！

妈妈：对。数字编码也一样，要给每个两位数规定一个图像，作为它唯一的编码。和英文中的字母编码不一样的是，数字编码的图像是固定不变的，是唯一的。

宸宸：永远不能变吗？

妈妈：也不是，刚开始学习和训练的时候，可能会做一些调整，但是等自己用熟了，用顺手了，就不会再变了。

宸宸：那刚开始时，应该怎么训练呢？

妈妈：你别着急。我们要先学会如何设计这些编码的图像。刚才我说过有四种常用的方法，咱们一个个地来学习。

形似法

妈妈：第一种说法是按数字的形状来定义图像编码。比如刚才说的，在英文编码中字母"oo"是"望远镜"，就是因为两个字母"oo"摆在一起像望远镜的样子。那数字编码也是一样，数字"00"虽然没有字母"oo"那么圆，但也很像眼镜的样子。所以，这时候我们就可以把数字"00"的图像编码定义为"眼镜"。

宸宸：那刚才说的幼儿园的那首儿歌，不都是按这种方法来定义的吗？

妈妈：是的，只是它们定义的都是一位的编码。我们现在要定义两位编码，所以就要找到那些两位数中有这类特点的数字组合。

宸宸：这样的数字组合有很多吗？

妈妈：当然很多，比如下面这些：

  00 —— 眼镜、望远镜

  10 —— 棒球

  11 —— 筷子

  20 —— 自行车、鸭子、耳环

  22 —— 双胞胎、鸳鸯

  30 —— 三轮车

  40 —— 小汽车

  50 —— 五环

  69 —— 太极图

宸宸：哇！原来有这么多。不过这也才十几个呀，离100个编码早着呢！剩下的那些编码怎么办？

妈妈：我们还有第二种方法啊：谐音法。

谐音法

宸宸：和前面学的词语转化的谐音是一样的吗？

妈妈：原理是一样的。就是根据数字的发音来转换成一个对应的图像。比如："79"和"气球"发音很相似，我们就可以把"79"的图像编码定义为"气球"。

宸宸：噢，这个太简单了。"14"可以转换成"一寺"，"15"可以转换成"一屋"。前面的圆周率故事中的。嘿嘿！

妈妈：意思是没错。但是可以转换成更好记的，更形象的物品。

宸宸：难道"一寺"和"一屋"不够形象吗？

妈妈：形象，但不够完美。因为图像的特点不够明确。比如"寺"和"屋"的样子有太大区别吗？都是"房子"的样子。对吧？

宸宸：对啊，不可以吗？

妈妈：哈哈，你还不服气。当然不可以。因为我们制定编码的目的不是为了制定编码，而是为了应用编码。在后期记忆的时候，你能分清你记的是"寺"还是"屋"吗？

宸宸：那你怎么记得清？

妈妈：换两个区别大的图像就可以了。比如换成下面的词语，你就分得清了。

14 —— 钥匙

15 —— 鹦鹉

宸宸：哦。是不是剩下的都用谐音法来转换了？

妈妈：也不是，有些用谐音法比较方便。比如下面的这些：

（注：以下是记忆大师们常用的编码中，用谐音法转换出来的部分编码，供大家参考）

01- 灵药、灵妖	35- 珊瑚	69- 辣椒、六舅	99- 舅舅
02- 灵儿	36- 山路、山鹿	70- 麒麟、欺凌	00- 玲玲、洞洞
03- 灵山、零散	37- 山鸡、三七	71- 奇异、骑鱼	
04- 零食	40- 司令	73- 鸡蛋、奇山	
05- 领舞	41- 司仪、死鱼	74- 骑士、气死	
06- 领路、灵鹿	42- 柿儿	75- 积木、奇物	
07- 令旗、拎起	43- 雪山、石山	76- 气流、汽油	
08- 淋巴、篱笆	44- 石狮	77- 棋棋、奇奇	
09- 菱角、零角	45- 食物	78- 西瓜、奇葩	
12- 婴儿、衣儿	46- 饲料	79- 气球	
13- 医生、衣衫	47- 司机	80- 巴黎、巴厘	
14- 钥匙、咬死	48- 扫把	81- 蚂蚁	
15- 鹦鹉、衣物	49- 石臼、四舅	82- 把儿、白鸽	
16- 一流、一扭	50- 武林	83- 花生、爬山	
17- 仪器、一起	51- 武艺、五姨	84- 巴士、布什	
18- 泥巴、篱笆	52- 我儿、木耳	85- 宝物、蝙蝠	
19- 药酒、一舅	53- 牡丹、乌山	86- 八路、白鹭	
21- 鳄鱼	54- 舞狮	87- 白旗	
24- 盒子、儿子	56- 蜗牛	88- 爸爸、粑粑	
25- 二胡	57- 武器	89- 白酒	
26- 二流、二柳	58- 苦瓜、我爸	90- 酒瓶	
27- 耳机	59- 五角、五舅	91- 球衣、求医	
28- 恶霸、二爸	60- 榴莲	92- 球儿、韭儿	
29- 鹅脚、阿胶	62- 驴儿	93- 救生、旧伞	
30- 三菱	63- 流沙	94- 教师、教室	
31- 鲨鱼、三姨	64- 螺丝、流食	95- 救我	
32- 扇儿、伞儿	66- 悠悠、刘流	96- 酒篓、酒楼	
33- 扇扇、伞伞	67- 楼梯、油漆	97- 酒器、酒起	
34- 山石、绅士	68- 喇叭、萝卜	98- 酒吧、旧报	

宸宸：好多不需要用谐音啊？比如"00"用刚才的形状相似的方法不是很好吗？

妈妈：这个只是提供参考，至于用哪种方法，你喜欢用哪种你就用哪种。我们还有两种方法呢！

代替法

宸宸：这里的代替法和词语转化的代替法是一样的吗？

妈妈：差不多吧。数字编码的代替也是找一种能代表这两个数字的物品来作为它的图像。比如"51"我们很容易联想到"五一劳动节"，但"节日"是个很抽象的概念。但是每个节目都会让我们联想到一类人、一个东西、或者一个场景。就拿"五一劳动节"来说，你联想到什么了？

宸宸：我联想到工人叔叔们戴的"安全帽"。

妈妈：很好。那我们就可以把"安全帽"定义为数字"51"的图像编码。

宸宸：这么简单啊！那"61"就是"儿童节"，是不是可以用"儿童玩具"啊？

妈妈：可以，但是还不够具体。儿童玩具的范围太大了，最好是能具体到一样东西，这样图像才会清晰。

宸宸：那什么玩具能代表"六一儿童节"呢？

妈妈：为什么非要是玩具呢？难道就没有其他可以代表这个节目的东西了吗？

宸宸：难道"玩具"不能代表这个节日吗？

妈妈：可以，但是如果我们找一个图像来代表"儿童"不是更好吗？"儿童节"嘛，"儿童"才是重点啊！

宸宸：哦。我想想，用"校服"可以吗？

妈妈：似乎到了初中、高中，也有校服啊。但他们都已经不属于儿童了。

宸宸：我知道了。用"红领巾"！

妈妈：非常棒。用"红领巾"来代表"儿童"是最好不过了。

宸宸：是不是还有很多其他的节日也可以这样来用啊！比如：

38 —— 妇女节 —— 围裙

51 —— 劳动节 —— 安全帽

54 —— 青年节 —— 街舞

61 —— 儿童节 —— 红领巾

71 —— 建党节 —— 党旗

81 —— 建军节 —— 解放军

99 —— 重阳节 —— 老人

妈妈：很好啊！不过为什么"妇女节"的代表物品是"围裙"呢？

宸宸：因为代表你在厨房里做饭啊？

妈妈：妈妈好不容易过个自己的节日，你就让妈妈跑厨房做饭？

宸宸：那用什么？拖把？织毛衣？

妈妈：好吧，就这样吧。你妈在你眼里就是个干活儿的命儿！

宸宸：哎呀！我不是那个意思。算了算了！快接着讲下一个方法！

妈妈：哈哈哈哈。你还生气了？！下一个方法"个性法"实际上是"代替法"的延伸。代替法中，刚才说了那些都是"节日"，其实除了"节日"还有很多东西可以用"代替法"。比如"24"可以联想到"一天有24个小时"，所以可以用"钟表、手表、闹钟等"来代替。

宸宸：孙悟空有72变，那"72"的图像编码就是"孙悟空"了？

妈妈：当然可以。这样还有很多，比如：

    12 —— 月历（一年有12个月）

    24 —— 钟表（一天有24小时）

    66 —— 滑梯（溜溜滑）

    77 —— 卢沟桥（七七事变）

    99 —— 玫瑰（99朵玫瑰）

宸宸：有些还是比较抽象。

妈妈：所以我们还有变通的方法。前面的这些"代替法"都是公众认知的知识，我们可以借用这种方法对一些特殊的数字进行转换。只是转换的依据是属于个人的认知。

个性法

宸宸：什么叫"个人的认知"？

妈妈：就是说，有些数字只对你有特殊的意义。比如，之前你在幼儿园的绘画比赛中得了全市第16名，奖励了一个书包。那就可把数字"16"的图像编码定义为"书包"。

宸宸：那我现在已经有38辆玩具汽车，那数字"38"的图像编码是不是可以定义为"玩具汽车"。

妈妈：当然可以。

宸宸：那好，我就用"玩具汽车"，省得用"围裙"你满脸不高兴的样子。

妈妈：我哪有"满脸"不高兴了？！

快速形成编码系统

妈妈：好了，编码的设计方法我已经讲完了，你现在可以设计自己的编码了！

宸宸：100个编码啊，这要设计到什么时候啊？

妈妈：是啊，但是如果一直在这里唉声叹气而不去行动的话，就一个编码也设计不出来。

宸宸：难道就没有更好的、更快捷的方法吗？

妈妈：哈哈，你这小脑袋瓜还挺机灵，还知道找捷径。

宸宸：那你不看看我是谁的孩子？

妈妈：这句话是在夸我吗？哈哈哈哈。

宸宸：别臭美了，赶紧讲课。

妈妈：好吧！好吧！你是小祖宗！编码如果一个个设计，确实需要花费很长的时间，但是我们可以直接借鉴别人设计好的编码。

宸宸：别人的编码能适合自己吗？

妈妈：借鉴不是让你全部照搬过来用。是找到别人设计好的编码，感觉适合自己的，就直接拿来用，感觉不适合自己的，就重新设计一个。

宸宸：那要都不适合自己呢？

妈妈：哈哈，那你大脑的想象得多另类啊？！根据这么多年、这么多大师们的经验，一般情况下，80%左右的编码都是大家都能接受并共用的。

宸宸：也就说有80个编码不用自己设计，只需要设计20个编码就够了？

妈妈：只能说大概这么多，但就算是70个、60个，也是节约了多半的时间啊。

宸宸：好吧。那我就去照抄了。

妈妈：借鉴！借鉴！不是照抄！

宸宸：不全抄就是借鉴！

附：国内记忆大师常用数字编码表

00：眼镜、玲玲、元旦、零蛋、手镯、望远镜、双环

01：灵异、冬衣、灵药、洞妖

02：玲儿、冻耳、栋梁、冬粮、铃儿

03：零散、东山、灵山、灵珊

04：领子、零食、领事、董事、淋湿、旗子、国旗

05：领舞、动物、动武、东屋、灵物、钩子

06：灵鹿、领路、东流、冻肉、哨子

07：令旗、拎起、动气、镰刀

08：篱笆、淋巴、邻邦、麻花、葫芦

09：菱角、灵枢、勺子、领教

10：棒球、衣领、要领、妖洞、窑洞、110

11：筷子、一亿、哟哟、石椅

12：婴儿、英儿、一两、要粮

13：医生、衣衫、移山、一扇

14：钥匙、要死、咬死、仪式、一寺、遗失

15：鹦鹉、衣物、妖物、义务、医务、遗物、药物

16：石榴、一流、遗留、遗漏、一路

17：仪器、一起、义气、一汽

18：泥巴、一霸、一把、摇把、哑巴

19：药酒、石臼、依旧、要酒

20：耳环、耳洞、自行车、鸭蛋、两洞、两幢

21：鳄鱼、二姨、恶意、安逸、耳语

22：双胞胎、暗暗、爱爱、量量、晾晾

23：和尚、暗杀、扼杀、爱上

24：盒子、饿死、碍事、暗室、儿时

25：二胡、耳闻、安慰、安稳、额外

26：二柳、二流子、二楼、耳肉

27：耳机、暗器、爱妻、儿媳

28：恶霸、俺爸、荷花、饿吧

29：二舅、阿胶、鹅脚、二酒

30：三凌、山洞、三轮车、三十岁

31：鲨鱼、三姨、山芋、上衣、善意

32：扇儿、仙鹤、山梁、伞儿

33：伞伞、珊珊、扇扇、散散、山山

34：山石、绅士、膳食、善事、山势

35：珊瑚、555烟、散雾、山谷

36：山路、山鹿、山麓、上流、上楼

37：三七、山鸡、生气、疝气、山区

38：妇女、沙发、伤疤、三把

39：三舅、999感冒灵、山脚、散酒

40：司令、四轮、小汽车、奥迪

41：司仪、四姨、死鱼、丝衣

42：柿儿、撕耳、银耳、思儿

43：雪山、死山、四扇、四伞

44：狮子、石狮、死尸、石室

45：水壶、水母、食物、丝物、饰物

46：饲料、石榴、撕肉、四柳

47：司机、死棋、湿气、石器

48：雪花、驷马、石坝、石马

49：石臼、四舅、雪球、四酒

50：五环、武林、武士、巫师、舞狮

51：五一、舞艺、武艺、五姨、我要

52：吾儿、木耳、捂耳、五儿

53：乌纱、乌山、牡丹、钨砂

54：武士、巫师、钨丝、舞狮

55：呜呜、木屋、屋屋、捂捂

56：蜗牛、物流、涡流、我牛

57：武器、雾气、母鸡、木器

58：苦瓜、舞伴、无霸、我爸

59：五角星、五舅、捂脚、木角

60：榴莲、六连环、留连、流量

61：六一、蝼蚁、牢狱、摇椅

62：驴儿、驴耳、刘海、六两

63：流沙、流散、硫酸、六扇

64：流食、律师、螺丝、历史、理事

65：露骨、颅骨、锣鼓、流亡

66：露露、姥姥、绿豆、溜溜

67：楼梯、漏气、陆战棋、掳起

68：喇叭、腊八、萝卜、刘邦、留疤

69：猎狗、烈酒、辣椒、拉脚、漏酒

70：麒麟、欺凌、骑士、启事、奇石

71：奇异果、七一、奇鱼、骑鱼

72：妻儿、企鹅、弃儿、旗儿

73：鸡蛋、奇山、奇伞、鸡散

74：骑士、气势、奇石、气死

75：起舞、器物、奇物、奇屋

76：气流、骑驴、奇柳、奇楼

77：漆器、机器、棋棋、奇器

78：西瓜、旗袍、气泡、奇葩

79：气球、祈求、妻舅、奇酒

80：巴黎、百灵、白磷、柏林、花环、巴士、宝石

81：白蚁、白药、白衣、八一建军节、布衣

82：把儿、八两、白脸、白垩、白鸽

83：花生、宝山、宝扇、白鲨、爬山

84：巴士、84消毒液、宝石、白蛇

85：宝物、蝙蝠、巴乌、宝屋

86：白露、白鹭、八路、白柳

87：白旗、宝鸡、巴西、把戏、八旗

88：爸爸、拜把、宝宝、粑粑

89：白酒、芭蕉、八角、把酒

90：酒瓶、酒令、丘陵、酒食、旧诗

91：球衣、酒意、就医、旧衣、旧椅

92：球儿、旧案、救儿

93：旧伞、巨鲨、九三学社、救伞、救生圈

94：狗食、教师、礁石、狗屎

95：救火、救我、旧货、旧物、九五

96：酒肉、酒楼、酒篓、旧楼

97：酒器、酒气、酒起、九七香港

98：酒吧、酒保、旧报、酒包

99：舅舅、酒酒、旧酒、玫瑰、久久

妈妈：好了，现在赶紧来设计一张属于你自己的数字编码表吧！

数字	图像	数字	图像	数字	图像	数字	图像
01		14		27		40	
02		15		28		41	
03		16		29		42	
04		17		30		43	
05		18		31		44	
06		19		32		45	
07		20		33		46	
08		21		34		47	
09		22		35		48	
10		23		36		49	
11		24		37		50	
12		25		38		51	
13		26		39		52	

续表

数字	图像	数字	图像	数字	图像	数字	图像
53		65		77		89	
54		66		78		90	
55		67		79		91	
56		68		80		92	
57		69		81		93	
58		70		82		94	
59		71		83		95	
60		72		84		96	
61		73		85		97	
62		74		86		98	
63		75		87		99	
64		76		88		100	

数字记忆方法

宸宸：这么多的编码，什么时候能记住啊？！

妈妈：记忆的方法有很多。你还记得妈妈之前做的那一套卡片吗？

宸宸：是那副自己贴的扑克牌吗？

妈妈：对啊。不过那可不是一副扑克牌，那可有100多张。其实每一张牌就是一个数字编码。我把编码的图像贴到牌上了。

宸宸：就是边看图边记忆吗？

妈妈：是的。这样做的目的是强化图像记忆。

宸宸：数字编码本来就是图像啊，你这话是什么意思？

妈妈：我们在记忆这些数字编码的时候，要刻意地关注图像。比如，你的数字编码"72"对应的图像编码是"孙悟空"。在记忆的时候，要在大脑中专注于想象"孙悟空"的形象，而不是在嘴上不断地重复"孙悟空、孙悟空、孙悟空……"这三个字。你也以把他叫"孙猴儿、孙大圣、齐天大圣……"，叫什么都行，连名字也没有最好了。但是大脑中的形象一定要清晰，就是那种"穿着虎皮裙，拿着金箍棒"的样子。

宸宸：那不还是孙悟空吗？！

妈妈：是的，但是重点不是重复"孙悟空"这个名字，而是要把注意力放在它的形象上。

宸宸：为什么一定要这样做呢？

妈妈：因为发声的速度是有限的，人类的发声器官最快也就一分钟几百个音节。但是图像的处理速度要比声音快很多很多倍。再复杂的图像在大脑中闪过的时候，也就零点零几秒。

宸宸：好吧。那我也要做一副这样的牌吗？

妈妈：能做一副最好。不过用手机或者电脑来熟悉图像也能达到一样的效果。首先在网络上找到每个编码的图像，一定要找到你认为最能代表你心目中那个形象的图像。

宸宸：什么意思？

妈妈：比如，数字"47"对应的图像编码是"司机"。那司机是什么样子呢？其实司机的形象有很多啊！有男的、女的，也有年轻的、年老的，有胖的、瘦的、高的、矮的。所以，一定要具体到一个你认为最能代表司机的形象。比如某部电影中的一位卡车司机、某位知名的赛车手，又或是某部动画片中的一个卡通司机的形象。这些都可以，但是必须具体到一个在你心目中最能代表司机的形象。

宸宸：哦，那像"老师、医生、司令、司仪、妇女"等这些人物的图像是不是也都要具体到一个人啊？

妈妈：是的。不过还有一种方法，就是用一个物品来代表一个人。

宸宸：用物品代表人？物品是死的，怎么代表人呢？

妈妈：其实就是找那些非常有职业特征的物品，来代表一个职业。比如我们用"方向盘"来代表"司机"、用"听诊器"来代表"医生"、用"话筒"来代表"司仪"。当我们想到这个物品的时候，自然会想到这种职业。

宸宸：这应该叫用一个物品代表一种职业，而不是人。

妈妈：好吧！你说得对！小小年纪，净学会跟别人抬杠了！

宸宸：我哪有，你明明就是表达不准确。不信你找语文老师，绝对给你判错。

妈妈：好好好！人物的过去了！其他的图像编码也是一样，去找到最有代表性的照片，保存下来，没事就翻看。这样对编码的图像就越来越熟悉了。

快速熟悉编码

宸宸：对图像熟悉了，但是我还是不能记清它们的对应关系啊！

妈妈：是的。我们的最终目的是快速地反应对应关系。刚开始是按顺序在大脑中回忆图像。比如从"01"开始，在大脑中回忆对应的图像"灵异"。然后是"02"，图像是"铃儿"。然后是03、04、05……一直回忆到99和00。

宸宸：这回忆一遍要多长时间啊？

妈妈：刚开始时可能很慢，有的人第一次回忆十分钟都回忆不完一遍。但是只要你坚持练习，回忆的速度就会越来越快。

宸宸：能到多快呢？

妈妈：要多快有多快？

宸宸：吹牛吧！你一秒钟能回忆完吗？

妈妈：不是吹牛！回忆到一定程度，编码和数字已经形成一体了。一秒钟是有点强词夺理，但是十几秒回忆一遍还是有可能的。

宸宸：真能这么快啊？就仅靠这样一遍遍地回忆吗？

妈妈：除了按顺序回忆外，还可以倒着来回忆。就是从最后一个"00"开始，然后是99、98、97……回忆到01。

宸宸：倒着回忆是不是要慢很多。

妈妈：一旦熟悉了，没什么区别。因为最重要的训练是读码训练，这才是真正快速熟悉的方法。

宸宸：读码？

妈妈：读码，就是看到一个两位数，就要在大脑中想象出它对应的图像。这个过程就是读码。一般情况下可以用随机数字来训练读码，比较方便的是读"圆周率"。

宸宸：读圆周率？

妈妈：就是把圆周率分成两位一组，然后用眼睛一组一组地看过去。每看到一组，就快速地在大脑中回忆它对应的图像。一旦大脑中产生了对应的图像，就赶紧跳到下一组数字，继续重复这个过程。

宸宸：为什么要这样做？这和前面的回忆有区别吗？

妈妈：因为前面的回忆不管是正序，还是倒序，都是按顺序的。而圆周率是随机的，这样更能锻炼大脑随机处理数字编码的能力。

宸宸：这个要读多久？或者要读多少才能熟悉啊？

妈妈：入门级的要求是"一秒"？

宸宸：一秒读完？多少位？

妈妈：不是。我的意思是每组数字的反应时间不超过一秒。比如你要圆周率的小数点后100位，也就是50组数字。那从开始到全部读完这50组（100位）数字的总时间不能超过50秒。

宸宸：哇！这么快？！我感觉现在五秒钟我也反应不过来。

妈妈：这不叫快，你知道世界记忆大师的平均读码时间是多少吗？

宸宸：不知道。0.5秒？

妈妈：0.2秒。这还是记忆大师的及格水平。

宸宸：这也太快了吧！这得训练多久啊？

妈妈：不要着急。只要你认真训练、坚持训练，你也能做到。至少训练多久，我的感觉吧，你把圆周率小数点后1000位读上10遍，就能达到"1秒"的水平了。

宸宸：老妈，你还是杀了我算了！

数字记忆的应用

宸宸：妈妈，练了这么长时间的读码了，可是我还是不会记数字啊。记忆大师比赛应该没有比赛读码的吧？

妈妈：那当然，比赛都比记忆。

宸宸：我现在读码已经达到一秒以内了，可以学记忆了吧？

妈妈：好啊。数字的记忆一般都采用"定桩法"，个别的情况下会采用串联法。但是比赛的时候都采用定桩法。

定桩法记忆数字

宸宸：和前面记词语的定桩法是一样的吗？

妈妈：原理是一样的。比如咱们来一起记一下圆周率小数点后的40位。

14	15	92	65	35	89	79	32	38	46
26	43	38	32	79	50	28	84	19	71

宸宸：是每个地点桩上放一位吗？不对，应该是放一组。每个地点桩上放两位吗？

妈妈：放两位（一组）也可以，但是建议采用"单桩双图"吗？

宸宸：什么叫"单桩双图"？

妈妈：就是每个地点桩上放两个图像，也就是两组数字。一个地点桩可以保存4位数。

宸宸：那这40位就需要10个地点桩了？

妈妈：是的。我们先来找十个地点桩。

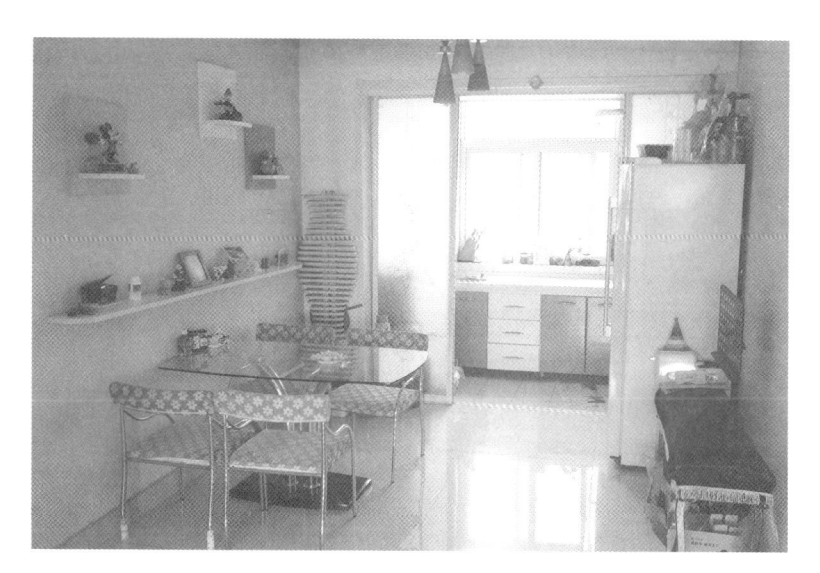

妈妈：我们就从这个场景中找到十个标志物来作为地点桩。

椅子——餐桌——长条形的置物小平台——墙上的造型——艺术造型暖气片——三组一体的吊灯——窗户——整体厨房的台面——冰箱——古筝

宸宸：妈妈，你为什么把名字整得这么复杂？

妈妈：还记得在制定数字编码的时候我说的话吗？尽量不要把专注力放在图像的名称上，而是应该放在图像本身。地点桩和数字编码图像是一个道理。其实它们完全都可以没有名字，更好的记忆方法应该是"这里、这里、这里……"

宸宸：那直接就"这里、这里"好了，为什么还要取名字呢？

妈妈：因为我要让你知道我脑子里想的"这里"是"哪里"啊！

宸宸：好吧。我懂了。我也知道"这里"是"哪里"了。

妈妈：那好。现在咱们就用上面的这10个地点桩来记忆圆周率的前40位。第一步，可以先快速地读一遍圆周率的图像。

宸宸：是用嘴读吗？还是在大脑中读？

妈妈：用"读码"的方式读！开始吧。

（注：为叙述方便，例题中采用作者的编码图像。读者可自行替换为自己的编码。）

14—15	92—65	35—89	79—32	38—46
钥匙—鹦鹉	球儿—锣鼓	珊瑚—芭蕉扇	气球—扇儿	妇女—饲料
26—43	38—32	79—50	28—84	19—71
二柳—雪山	妇女—扇儿	气球—武林	恶霸—巴士	药酒—奇异果

妈妈：现在就可以把图像固定到地点桩上了。比如第一个地点"椅子"，上面需要保存的图像是"钥匙"和"鹦鹉"，你怎么联想？

宸宸：椅子上有一串钥匙，被鹦鹉叼走了。

妈妈：最好不要叼走了，让图像能够通过想象固定到上面，才能记忆更深刻，更牢固。

宸宸：椅子上有一把大钥匙，钥匙上面站着一只鹦鹉。

妈妈：这个可以。继续，第二组。

（由于篇幅所限，过程略，直接给出参考图像）

地点1：椅子上有一把钥匙，上面站着一只鹦鹉

地点2：餐桌上有一个球儿在来回撞击一个大鼓

地点3：长条上长满了珊瑚，珊瑚上长出了芭蕉扇

地点4：墙上挂着气球，气球里钻出来一把扇子

地点5：暖气片上有一个妇女，抱着一大袋饲料

地点6：吊灯上倒挂着两棵柳树，柳树中间有一座雪山

地点7：窗户上有一个妇女，正拿着扇子敲窗户

地点8：厨房台面上摆满了气球，一个武林人士正在练习打气球

地点9：冰箱门边有一个恶霸，举着一辆巴士敲向冰箱

地点10：古筝上摆着一大瓶药酒，里面泡着奇异果。

妈妈：好了，串联完成了。来赶紧地回忆一遍吧。

宸宸：是回忆图像还是回忆数字？

妈妈：第一遍先快速地回忆图像。

宸宸：钥匙、鹦鹉、球儿……

妈妈：很棒，一次就全记住了。那来尝试背一遍数字吧！

宸宸：小意思。3.1415926535897932……

妈妈：很厉害啊！有没有兴趣记得更多啊？

宸宸：记多少啊？

妈妈：咱们来记它个1000位怎么样？

宸宸：那什么时候能记完啊？有人能记这么多吗？

妈妈：每个合格的记忆大师，记完1000位都不会超过1个小时。你知道记忆圆周率的世界纪录吗？

宸宸：多少？难道是1万位？

妈妈：据说中国武汉的一位大学生记了6万8千位。

宸宸：哇！那得记多长时间啊？

妈妈：还有更让人惊奇的呢！据说一位欧洲的医生背诵完了3000万位。但是这事儿真假不知道，只是江湖传说。不知道对这3000万位圆周率检查一遍，要用多长时间。

宸宸：算了。我能记100位就已经很牛了。

妈妈：好啊，那你今天就用我刚才的方法，把100位记下来吧。

```
14-15、92-65、35-89、79-32、38-46
26-43、38-32、79-50、28-84、19-71
69-39、93-75、10-58、20-97、49-44
59-23、07-81、64-06、28-62、08-99
86-28、03-48、25-34、21-17、06-79
```

数字编码在日常学习和生活中的应用

宸宸：妈妈，练了这么多数字编码，如果不去参加比赛的话，有什么用啊？

妈妈：数字编码是帮助记忆数字的。所有与数字有关系的信息都能记。比如在生活中，记忆别人的电话号码，是不是数字啊？记忆银行卡号，是不是数字啊？记忆身份证号码，是不是数字啊？

宸宸：现在的手机都有通讯录，可以存好几千个手机号，为什么还要记忆呢？银行卡号和身份证号上面都印着，掏出来看看不就得了，为什么还要记？

妈妈：你确实是光学会抬杠了。好吧，那咱们就来看看学校里老师要求记的东西。

宸宸：学校里老师要求记的内容有和数字有关的吗？

妈妈：当然有。比如前段时间考过的一个题目，中国第六次人口普查的总人数为"1370536875"人。考试就考你这个总人数，这不就是数字吗？

宸宸：这也能用数字编码来记吗？是不是也要用地点桩来记？

妈妈：如果仅仅是记这一串数字，可以采用更简便的方法。第一步，我们先把这串数字转换成对应的数字编码图像。

```
13-70-53-68-75 —— 医生、麒麟、牡丹、喇叭、积木
```

宸宸：这些图像保存到哪里呢？

妈妈：你还记得人口普查的时候，到咱们家来的那个阿姨的样子吗？

宸宸：当然记得。

妈妈：那就用串联把这些图像和这位阿姨串联在一起就可以了。

宸宸：这怎么串联？

妈妈：你可以这样想象：

> 那个做人口普查的阿姨进门的时候，带着一个医生，医生抱着一头麒麟，麒麟嘴里咬着牡丹花，牡丹花的中间长出来一只大喇叭，喇叭口里不停地向外掉积木。

宸宸：还可以这样记啊！不过确实记住了。

妈妈：来，复述一遍吧。

宸宸：13、70、53、68、75。

妈妈：正确。其实除了记这些，数字编码还可以用来记忆任何学科中跟数字有关系的知识点。比如珠穆朗玛峰的高度，某个国家或者地区的面积、人口数量，某件历史事件发生的年、月、日等都可以用数字编码来帮助记忆。

宸宸：可是这些知识我现在还没学到啊！

妈妈：没事，早晚是要学的！可以先学会方法，把自己的能力训练出来。

练习材料 请用数字编码图像记忆下列知识点。

1. 万里长城的总长度为21196.18米。

2. 1975年测得珠穆朗玛峰的高度是8848.13米。

3. 长江的总长度为6300余千米，黄河的总长度为约5464千米。

4. 《中华字海》中收录的中国汉字有85568个。

5. 中国有333个市级行政区、2846个县级行政区、38755个乡镇级行政区。

补充知识

如果需要记忆的数字为奇数位，比如上题中的"334"，使用数字编码时就会单出一位数字。对于这种情况，有两种解决思路：

方法一：补"0"法。即整数部分在前面补0，小数部分在后面补0。如：

    334 补0变成 0334

    19701 补0变成 019701

    12.732 补0变成 12.7320

    815.7 补0变成 0815.70

方法二：单独设计一套奇数的数字编码"0—9"，其图像与"00、01、02……09"区别开来。

第七章 升级大脑——思维导图

宸宸：妈妈，思维导图到底是什么？是地图吗？

妈妈：思维导图啊，也可以算作地图的一种，不过是描述你大脑如何思考的一种地图。

宸宸：大脑思考？这还需要地图吗？

思维导图简介

宸宸：妈妈，这个人是谁？我看好多地方都有他的照片。

妈妈：这位老先生就是思维导图的发明人，世界脑力运动之父"托尼·博赞"先生。

宸宸：是他发明的"思维导图"？

妈妈：严格意义上，也不能叫他发明的。其实在很多年前，像牛顿、爱因斯坦等著名的科学家的手稿中，都发现了类似思维导图的手稿笔记。直到托尼·博赞先生给这种类型的图统一取了个名字叫"思维导图"。

宸宸：妈妈，不对吧。他怎么能取个中文名字呢？

妈妈：哈哈，他取的肯定不是中文名字。思维导图的英文名字叫"Mind Map"。

宸宸：思想地图？

妈妈：对，就是这意思。究竟为什么中国人把它翻译成了"思维导图"我也不知道。可能第一个人这么翻译了，大家就接受了吧。

宸宸：好吧，不明白为什么要用上一个"导"字。

妈妈：其实思维导图的真正用意是"用一张图来指导大脑进行思考"。所以钱雷老师曾经给过一个我觉得更加准确地翻译，叫"图导思维"。

宸宸：好奇怪的名字。要我说，应该叫"大脑思考图"。

妈妈：好吧。你爱叫什么就叫什么吧。你现在看着下面这张"大脑思考图"，你觉得它最像什么？

（下图出处不明，但是在思维导图相关的课程中是出镜率最高的一张。）

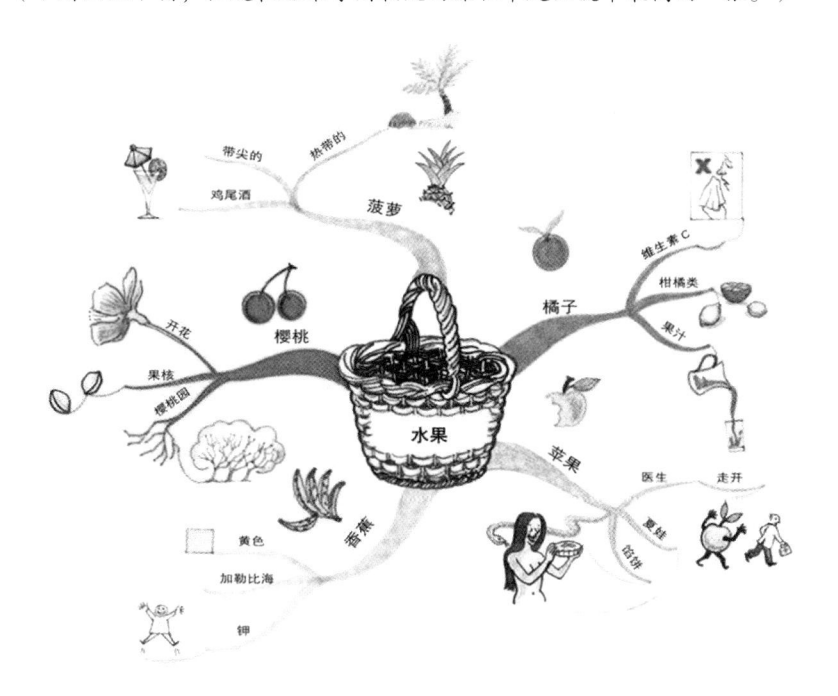

宸宸：像八爪鱼！

妈妈：明明是五个爪？！

宸宸：我说的是"像"，不是"是"。

妈妈：好吧，你啥都对。其实它的形象是一棵树，只不过是一棵向四周生长的树。上面不同粗细的线条就像是不同粗细的树枝。

宸宸：哪有树枝是向下长的啊？我觉得更像是太阳，因为太阳的光可以向四面八方照射。

妈妈：行，你说是太阳就是太阳。总之啊，这个思维导图，它是向四周发射的一种模式。我们在通过这种发散的模式思考问题的时候啊，就能思考到更多的方向。这样思考得就会更加全面，更加立体。

宸宸：就是说有更多的"维度"，这就是思维导图的"维"的意思吧？

妈妈：是的。你的理解非常对，"思维导图"这四个字分别代表着一层意思。咱们来看一下这张思维导图。

（绘图：尹丽芳）

宸宸：哇！太漂亮了。不过我不明白，为什么非要画成这样呢？难道不画成这样，这个问题就思考不出来吗？

妈妈：之所以要把思考的问题以导图的形式表现出来，一方面是为了在思考的过程中能够想到更多的可能性。这个后面等咱们一起思考一些复杂问题的时候你就能体会到了。另一方面，也是为了更加清晰地、更有条理地整理和展示自己思考的结果。

宸宸：那什么时候能用到思维导图呢？是不是上课回答老师的问题，也要用思维导图来思考啊？

妈妈：哈哈。对于非常简单的问题，就不用画蛇添足了。比如老师问你"苹果的英文是什么？"你觉得这个问题还需要很复杂的思考吗？

宸宸：不需要啊，直接就回答了"apple"！

妈妈：对啊。但是如果老师问的是个相对复杂的问题，这时候通过思维导图来思考，可能就会更容易啊。

宸宸：什么叫复杂的问题？

妈妈：比如下面的这些问题，你自己来分析一下，哪些问题属于相对复杂的问题。

> 问题1：昨天的作业都完成了吗？
> 问题2：哪位小朋友是九月出生的？
> 问题3：明天是母亲节，你们想给妈妈准备什么样的惊喜啊？
> 问题4：小朋友们知道自己的属相吗？
> 问题5：刚才的游戏为什么只有三个小朋友挑战成功了？
> 问题6：故事中的兔子为什么总是失败啊？
> 问题7：过马路时看到黄灯能不能继续走？
> 问题8：哪位小朋友来描述一下冬天是什么样子的？
> 问题9：两位数中最小的数是多少？

宸宸：我觉得最复杂的问题是"冬天的样子"。

妈妈：为什么呢？

宸宸：因为"冬天的样子"太多了，比如穿上厚厚的衣服、下雪、结冰等。可以从好多方面来描述啊。

妈妈：对。这就是复杂问题。其实这几个题目中，还有几个问题也可以列为复杂问题，比如兔子为什么失败，游戏失败的原因。

宸宸：是不是可以用一句话或者一个词来直接回答的就是简单问题，具有很多不确定性的问题就是复杂问题啊？

妈妈：可以这样理解。比如问你"你有多高了？"，只有一个明确的唯一的答案，这样的问题就是简单问题。但是如果问你"你为什么长得这么高？"，回答起来可能性就太多了。

宸宸：那"给妈妈准备母亲节的礼物"也算是复杂问题吧？

妈妈：如果老师要求把你"准备的惊喜"的理由说出来，就是明显的复杂性问题了。

宸宸：我明白了，思维导图就是用来解决这些复杂性问题的。

妈妈：其实不止这些，思维导图有很多很多的功能。比如你看下面这张图就列举了很多思维导图的功能。

（绘图：尹丽芳）

思维导图的绘图技巧

宸宸：妈妈，思维导图怎么画啊？有什么要求吗？

妈妈：思维导图的画法还是比较自由的。总体来说，思维导图有三种风格。

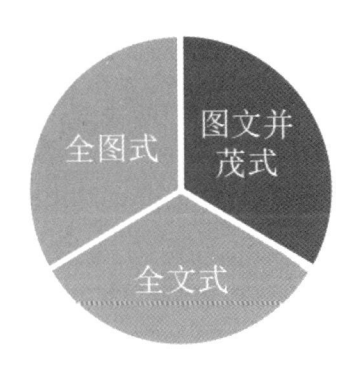

全图式　图文并茂式　全文式

妈妈：咱们分别来看一下这三种思维导图都是什么样子的。

全图式

全文式

图文并茂式

宸宸：我还是觉得全图式漂亮，只不过看不懂是什么意思。

妈妈：是的，全图式和全文字式比较适合自己来用。因为只要自己明白是什么意思就足够了。如果思维导图是用来给别人展示的，图文并茂的形式才是最佳的选择。

宸宸：那如何才能画出既漂亮又清晰的思维导图呢？

妈妈：画好一张思维导图，一般要考虑以下四个方面。

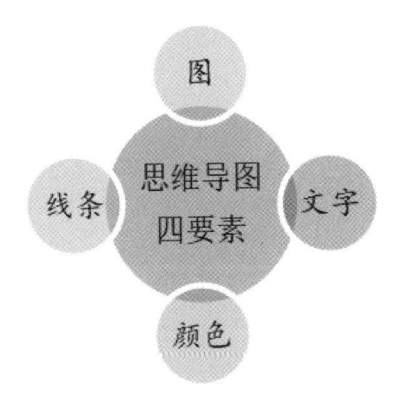

思维导图四要素：图、线条、文字、颜色

宸宸：图就是上面的一个个小图片吗？这能有什么要求？

妈妈：这里图有两种意思。一是思维导图的中心标题的图，比如前面关于"水果"的思维导图中，最中心的那个水果篮子。这个图是用于修饰"中心标题"的。

宸宸：中心标题必须要有图吗？

妈妈：也不完全是。可以只写文字，也可以只画一个图。但最好的搭配还是"图文并茂"，既有醒目的文字，又有适合的图片或者图形。这样中心标题看上去就显得既清晰又漂亮。

宸宸：那除了中心标题，其他的图怎么选？

妈妈：对于其他的图也没有严格的要求。一般情况下，在一级标题中，会加上适当的插图来美化，也有人直接用图片代替文字。加图片的原则就是最好能通过图片联想到所表达的内容。不能加一些纯用于美化而没有任何意义的图。

宸宸：哦。图太多了是不是显得有点乱啊。

妈妈：是的。太多了显得乱，如果图画得太大也不好，会让大家完全忽略了文字的内容。

宸宸：那图片画多大合适呢？

妈妈：我们以一张A4大小的纸为例，来学习一下思维导图的比例设计。我们可以把一张A4纸横放，并大概在上面分出九个大小相等的区域，也就是我们平常说的"九宫格"（见下图）。

妈妈：在画思维导图的中心标题的时候，如果需要配上图，大小一般要求画在正中心的格子中，大小不能超过中间的格子。

宸宸：需要提前在纸上打上格线吗？

妈妈：那倒不用，自己大概估算一下就可以了。如果实在不放心，可以把纸轻轻地折一下，通过折线来识别也可以。

宸宸：只要画小点就可以了，不用折了吧，太麻烦了。

妈妈：也不能太小了，一般建议不要小于一元硬币的大小。

宸宸：为什么大了也不行，小了也不行。有什么区别吗？只要纸上能放得上不就可以吗？

妈妈：因为思维导图的目的是更清晰地表现和展现内容。如果中心区域太大，那留给各分支的内容区域就会变小，分支的内容就会不清晰了。如果中心区域画得太小，就会造成整张图看上去，不知道中心内容在哪里，就像没有重点一样。

宸宸：我明白了，就是既要均匀分配，又要突出重点。

妈妈：你总结得非常好，这两个词语用得很到位。

宸宸：那线条该如何画呢？

妈妈：线条的画法也有很多种风格。比如下面的几种风格：

宸宸：我没看出有什么区别啊？都像是八爪鱼啊！

妈妈：第一种风格中，主分支和次分支都是向四周发散的，看上去，每个分支都像是一个风车或者绽放的烟花。而后面的两种风格只有主分支是四周发散的，而主分支上的二级、三级分支都是水平向外发散的。

宸宸：我喜欢后面的两种风格，看上去更整齐一些。而且在上面写字的时候，可以水平书写，看着舒服，也方便。

妈妈：是的，不过不同的风格都有优缺点，还有个人的审美习惯不同。这没有对与错，只是个人喜好而已。

宸宸：第二种风格和第三种风格有什么区别，都是水平发散的啊？

妈妈：你仔细观察，它们在颜色的分配上不太一样。第二种是每个分支使用一种单独的颜色，比如右上角的分支，从主分支到二级分支、三级分支统一都使用红色。而最后一种是按层次来配色的，即主分支统一使用绿色，二级分支统一使用蓝色，三级分支统一使用黄色。

宸宸：哪种更好呢？

妈妈：刚才不是说了嘛，没有好坏之分。但我个人更喜欢单个分支使用一种颜色的方案。这样在一个分支上的内容不管是哪个级别，都写到一种颜色的线上，更容易区别它属于哪个分支。特别是当思维导图并不像上面的图这样均匀分布的时候，更不容易产生视觉上的混乱（如下图）。

宸宸：那对于文字有什么要求吗？

妈妈：其实对于文字的要求，最重要的一点就是"关键字"。就是说，在思维导图中出现的文字，一定是关键字，不能把很长很长的长句或者大段文字写到思维导图上。这样就失去了思维导图的意义了。

宸宸：但是我看到好多的辅导书上的思维导图，都把课本上大段大段的文字印到了思维导图的分支线上了。

妈妈：儿子啊，这个世界上很多人不懂装懂，也有很多人他的老师在教他的时候就教错了。所以有很多人根本不知道自己在努力地做着一件根本就是错误的事情。我们没有能力去改变他们、纠正他们的错误，但是我们可以保证让自己不要再犯类似的错误，并努力把自己的事情做好。

宸宸：我懂了。

思维导图的思维训练

宸宸：现在我知道思维导图怎么画了，但是画什么呢？我脑子里还是没有内容啊？怎么才能想到这些内容呢？

妈妈：这就是思维导图最核心的内容——思维模式。我们管它叫思维导图的"四度思维"。

宸宸：四度？哪四度？长度？宽度？高度？难道还有倾斜度？

妈妈：哈哈。不是这个度。所谓"四度"是指：

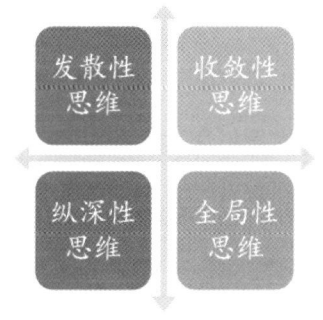

发散性思维	收敛性思维
纵深性思维	全局性思维

宸宸：不明白这都是什么？

妈妈：没关系，咱们一个一个地来学习和理解。

发散性思维

宸宸：为什么要学这么无聊的理论知识？

妈妈：那好，我先来出一个题目，你来回答。"勺子"知道吧？就是吃饭用的"勺子"？

宸宸：当然知道，它跟思维导图有什么关系呢？

妈妈：别这么不耐烦啊，一会儿你就知道难度了。

宸宸：什么难度？你是让我用思维把勺子拧弯吗？

妈妈：哈哈，你还真能脑洞大开！我的问题是：

> 勺子有哪些用处？

宸宸：吃饭啊！喝汤啊！还能有什么用处？

妈妈：哈哈，这些用处我也能想到。现在要求你说出至少20种勺子的用处，你能说出来吗？

宸宸：20种？！开玩笑嘛，难道勺子能当饭吃？

妈妈：你看你，这么没有耐心。现在就需要"发散性思维"，通过发散，来找到更多的有关"勺子"的用处啊！

宸宸：好吧，我想想……

妈妈：好，你慢慢想。

宸宸：嗯……还可以用来搅拌、用来拍打……

妈妈：很好，继续发散！

宸宸：发散不动了，只能想到这些了。对了，还可以敲着碗出去要饭乞讨，哈哈哈哈，这算吗？

妈妈：算，只要是它的用处都算！接着发散啊，这就发散不动了？

宸宸：在幼儿园吃饭的时候，谁要用勺子敲桌子，老师就会叫他起来批评并惩罚。

妈妈：哈哈，好吧，这个也算一个吧。

宸宸：这个算什么啊？

妈妈：勺子可以用来敲打桌子等物品制造噪声啊！

宸宸：好吧，这也算。其他的想不出来了。

妈妈：其实继续发散下去，可以发散出很多很多的用处。不过更好的发散方式是从"勺子"本身的属性开始发散。

宸宸："属性"是什么？

妈妈：属性就是颜色啊、形状啊、材料啊、数量啊、软硬啊，包括摸起来光滑还是粗糙、凉的还是热的，结实的还是一摔就碎的等，这些都是属性。

宸宸：发散这些有什么用？

妈妈：如果能想到更多的属性，就能从每个属性出发，发散出更多的用处。比如你现在来想想，勺子都有什么材质？

宸宸：勺子不是钢的吗？

妈妈：勺子全是钢的吗？你再想想。

宸宸：噢。我想起来了，还有瓷勺子、还有木勺子、还有塑料的勺子，我好像还见过纸的勺子。

妈妈：对啊。那你现在还能想到勺子的哪些用处呢？

宸宸：好像和刚才没啥区别？

妈妈：我来提醒一下，让你的思路能够打开一些。比如，如果我把木头的或者纸做的勺子用打火机点着了，会产生什么现象？

宸宸：会燃烧，产生火。

妈妈：这也是勺子的用处啊，勺子可以用来生火。

宸宸：这哪是勺子的用处，这明明是木头的用处。

妈妈：勺子有木头的，所以也算是勺子的用处啊。

宸宸：这也算？那多了去了？

妈妈：好啊，说来听听。

宸宸：比如金属的勺子可以通电，陶瓷的勺子可以绝缘，塑料的勺子也可以燃烧。

妈妈：就只有这些吗？

宸宸：可以破坏勺子吗？

妈妈：又不是真破坏，只要你能想得到就行。刚才都烧了，你还不敢破坏？

宸宸：那就简单了。比如我可以把钢勺变曲做成一个挂钩，把瓷的勺子摔碎了用其中的一个边当刀子用，可以拿着勺子当飞镖练习投掷，可以用一堆勺子插在沙地上摆出漂亮的图形，这太多了，我能说三天三夜。

妈妈：厉害了！现在你明白什么是发散思维了吧？

宸宸：这就叫发散思维啊！这明明是胡思乱想嘛！

妈妈：这可不是胡思乱想。胡思乱想有点类似于头脑风暴，但发散性思维是有原则的，就是从中心点开始，不断向外发散，你就会发现你能想到的可能性越来越多。这就是思维导图的发散性思维的好处。

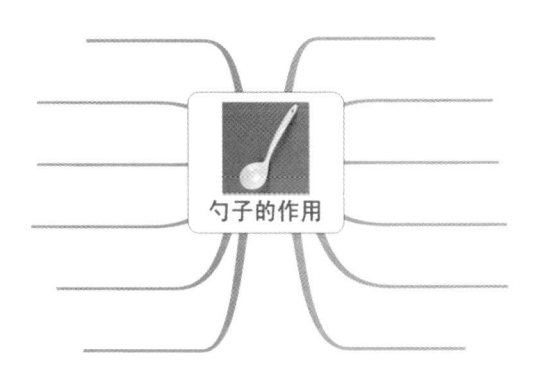

宸宸：我明白了。那收敛性思维是什么？是管住自己不让自己发散吗？

收敛性思维

妈妈：不是的。我们还是来看一个例子吧。

宸宸：这次又要想什么东西的用处？

妈妈：哈哈，这次完全不一样了。这次是分类游戏。你看下面的这一堆词语，现在要求你对它们进行分类，你该如何分类呢？

> 苹果、菊花、橡树、小麦、雪梨
> 桑树、水稻、西瓜、花生、茉莉花
> 椰子树、火龙果、地瓜、玉米、桂花
> 香蕉、白桦树、昙花、松树、牡丹

宸宸：按什么分？

妈妈：我不知道按什么分，你想按什么分都可以。

宸宸：那得有个标准啊！我按什么标准来分啊？

妈妈：如果我有了标准，就不是"收敛性思维"了。

宸宸：好吧，那就是胡乱分了。我看看。

> 第一类：苹果、雪梨、西瓜、火龙果、香蕉
> 第二类：菊花、茉莉花、桂花、昙花、牡丹
> 第三类：橡树、桑树、椰子树、松树、白桦树
> 第四类：小麦、水稻、花生、地瓜、玉米

妈妈：很好啊，来说说你分类的标准吧。

宸宸：第一类是水果、第二类是花、第三类是树、第四类是粮食。

妈妈：很好，我们换一个难一点的题目，你来分类试试。

宸宸：没有标准，想怎么分就怎么分，有什么难的！

妈妈：别激动，先看题目。

> 苹果、自行车、校服、可乐、房子
> 白菜、课本、盘子、扑克、水饺
> 金鱼、月亮、风扇、山羊、黄山
> 飞机、面粉、竹子、蚊子、草原

宸宸：妈妈，你是让我用串联联想把它们记下来吗？

妈妈：串什么串？联什么想？是要分类、分类、分类！

宸宸：苹果砸中了自行车，自行车压了校服，校服里滚出来可乐……

妈妈：打住打住！分类，别调皮！

宸宸：哈哈哈哈。我现在联想得很快吧！分类嘛，我想想……

妈妈：不能分类太多了，最多分五类吧。要能分成两类最好。

宸宸：为什么要分两类？

妈妈：你先尝试一下，后面我们来分析原因。

宸宸：两类的话……这也太乱了，什么东西都有，这怎么分？

妈妈：好吧，我提醒一下。不过我提醒过的分类方法你就不能再用了。

宸宸：好！那你说吧，你说了的我不用。

妈妈：你可以从任何角度去分啊，比如你可以分为"能吃的"和"不能吃的"。

宸宸：这叫分类啊？！这也太胡扯了吧！

妈妈：没关系，我们就是训练一种思维模式，你也来胡扯几个看看。

宸宸：我想想。不能按能"能吃"来分了……嗯……我可以分为"活的"和"死的"。

妈妈：可以，怎么分？

宸宸：里面的动物都是活的吧，然后植物也算是活的吧？

妈妈：算一种，再来换一种分类方法。

宸宸：还要分啊……能不能分为"家里的"和"外面的"？

妈妈：你说说怎么分，只要有标准就可以。

宸宸："家里的"就是吃的、喝的、日常用品等在家里可能出现的，"外面的"就是像"月亮、草原、黄山、飞机"这种。

妈妈：好，再得一分。还能怎么分？

宸宸：不分了，太没意思了！

妈妈：哈哈，这还造反了？！那咱们来换一种玩法，如果要求对分出的小类再继续分类，一直分到每个类只有一个词语为止。

宸宸：没听懂。

妈妈：比如你先分为两类"活的"和"死的"，那"活的"这一类中还有很多的词语啊。再把一类分成两个小类，比如分成"动物"和"植物"。那"植物"也有很多啊，再把"植物"分成两类……就这样一直分，一直到每个类只有一个词语为止。

宸宸：不好玩！不好玩！不玩了！

妈妈：来，我替你把分类的表格做好了，你来填空。

（以下图表仅作示例用，具体应用时请根据实际情况作适当调整。）

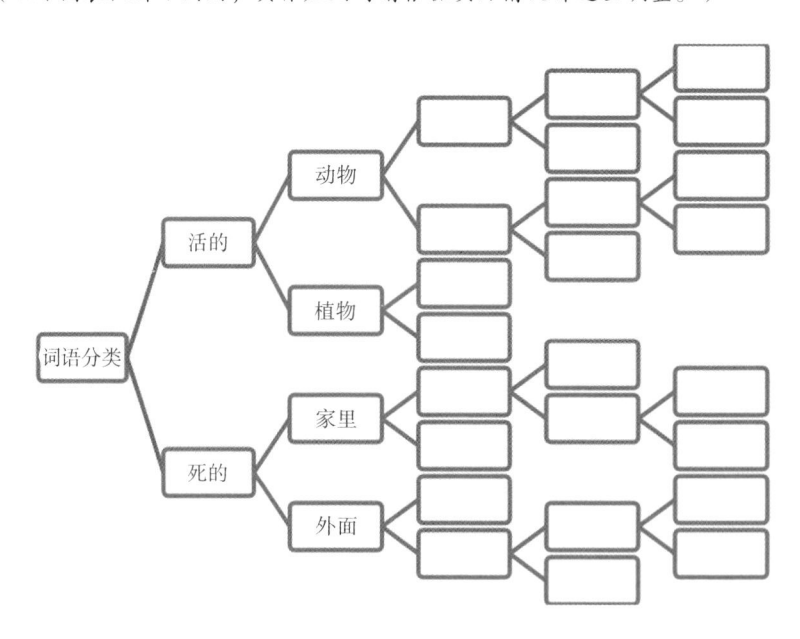

纵深性思维

妈妈：第三种思维叫"纵深性思维"。

宸宸：纵深是什么？纵身一跳的意思？

妈妈：哈哈，不是那个"纵身"，是"深度"的"深"。纵深思维，就是从一个想法开始，沿着某个方向一直思考、向更深、更细、更具体的方向思考。

宸宸：不懂什么意思！

妈妈：我们来做一个好玩的游戏。这是个词语联想接龙游戏，咱们俩从同一个词开始联想，比如从"苹果"开始，然后联想到"水果"，然后再从"水果"继续向后联想，分别联想到：

> 苹果——水果——桃子——孙悟空——西游记——四大名著——水浒传——梁山好汉——山东

宸宸：噢，这个太简单了。

妈妈：是很简单，但是每个人的答案都不一样。只要按这种这方法，你会发现，从一个简单的词语开始，可以联想出无数个千差万别的答案。

宸宸：那我们试试吧，从"苹果"开始吗？

妈妈：苹果刚才已经用过了，再用容易受到刚才思路的限制。这次给你个出题的机会，你来出第一个词吧。

宸宸：好啊，那咱们就从"手机"开始吧！

妈妈：好！不过为了咱俩的思路相互不受影响，咱们都写出来吧，至少要写出十个词语噢！

宸宸：好的，这个太简单了。

妈妈写出的十个词语是：

> 手机——姥姥——老家——院子——童年——游戏——玩伴——同学——大学——毕业——工作

宸宸写出的十个词语是：

> 手机——游戏——学习——作业——数学——考试——难题——零分——罚写——讨厌——无奈

妈妈：哈哈哈哈，你要乐死我啊？！

宸宸：有什么好乐的？

妈妈：没什么，只是笑一下。不过真正的"纵深性思维"并不是像这样随意地进行联想，而是沿着某个问题的某个角度，向更细、更深、更具体的方向去思考。

宸宸：不知道什么叫向更深的方向去思考。

妈妈：比如，我问你，"哈巴狗"属于什么？

宸宸：什么意思？

妈妈：就像刚才的分类，狗属于什么类？

宸宸：动物啊！

妈妈：很对。但更详细地属于哪类动物？

宸宸：应该是哺乳动物吧？

妈妈：属于哪一类哺乳动物？

宸宸：哺乳动物还分很多类吗？

妈妈：那当然。哺乳动物有卵生、胎生等。再往细里说，狗又分很多种，那"哈巴狗"又属于哪类狗中的哪一类呢？

宸宸：哎呀……

妈妈：这才叫纵深性思维。

全局性思维

宸宸：太无聊了，有没有好玩的东西学啊？

妈妈：我们来玩个猜词的游戏吧！

宸宸：怎么玩？

妈妈：游戏规则是这样的。

出题者先写下一个词语，由答题者来猜。

答题者可以通过提问的方式向出题者提问，但只能提问封闭性问题，不能提问开放性问题或者二选一的问题。

如：

请问它是圆形的吗？（封闭性问题）

请问它的重量超过一公斤吗？（封闭性问题）

请问它是什么形状的？（开放性问题，违规）

请问它是红色的还是绿色的？（二选一的问题，违规）

出题者的回答有四种答案，分别是：

是的。（肯定答案）

不是。（否定答案）

不知道。（答案不确定）

拒绝回答。（提问违规）

游戏玩法有几种：

玩法一：不限制提问次数，看谁猜到正确答案所用的时间更短。

玩法二：不限制时间，看谁提问的次数最少。

玩法三：当多人或者多个小组参加时，轮流向出题者提问。

宸宸：这也太复杂了，不好玩。

妈妈：先来一局试试，你只管提问，你违规的时候我会提醒你。

宸宸：好吧，你出题吧！

妈妈：好。咱们先来个简单的，你很快就能猜出来。开始提问吧！

宸宸：它是电视机吗？

妈妈：不是。

宸宸：它是沙发吗？

妈妈：你这样提问，到明年你也问不出来。

宸宸：那怎么问？

妈妈：你得先确认这是什么类型的东西。比如是吃的，喝的，玩的，用的？是家里的还是学校的？是室内的还是室外的？是天上的还是地下的？总之，你要先大概确定一个方向才行，不是让你乱猜啊！

宸宸：哦，好吧。那它是家里的吗？

妈妈：是的。

宸宸：它是客厅里的吗？

妈妈：不知道。

宸宸：为什么会不知道？

妈妈：不知道的意思就是有时候在客厅，但有时候可能不在客厅。或者说有的人家里的客厅里有，有的人家里的客厅里没有。

宸宸：好吧，好吧。那它现在咱们家的客厅里吗？

妈妈：让我看看……是的。

宸宸：好，就在这个屋里。那它是家具吗？

妈妈：不是。

宸宸：它是家用电器吗？

妈妈：是的。

宸宸：它是电视机吗？

妈妈：恭喜你答对了！

宸宸：妈妈你太搞笑了，咱家这么大的电视机，你还要先看看咱家客厅里有没有？

妈妈：我是想故意干扰你的思考方向啊！哈哈哈哈。

宸宸：妈妈你太坏了。再来一局，这次来个难的。

妈妈：游戏先放一边，其实，这个游戏的目的，就是训练"全局性思维"。

宸宸：这怎么就"全局"了？

妈妈：如果我出一个很不常见的物品，你怎么猜？比如我出的题目是"三叶草"，你该如何猜呢？

宸宸：你为什么要出这么奇葩的题目？

妈妈：出什么题目是我的自由啊！你得有自己的思路，这个游戏绝对不是靠"猜"的。

宸宸：那应该如何提问？不就是猜吗？

妈妈：这就需要全局性思维了。在你不知道答案是什么的时候，你要把自己的眼光放得高一点，再高一点，再高一点，让自己尽可能看到、想到更多更多的东西。然后再把能看到的东西通过前面的收敛性思维进行分类，再通过提问来逐步确认它属于哪一类。每确认一个类别，再在这个小类别中继续利用全局性思维进行分类、提问、确认。这样就能把范围缩得越来越小。

宸宸：哦，我明白了。就是分类分类分类、确认确认确认。

妈妈：没那么简单，不信你试试。

宸宸：好，试试就试试。

妈妈：要不这次我们来玩个其他类型的吧。这次来猜人名。

宸宸：什么人名？

妈妈：可能是中国人，也可能是国外的。可能是咱们身边的，也可能是名人。可能是现代的，也可能是历史上的。总之绝对是你知道的人名。

宸宸：好啊。这个比猜物品简单多了。

妈妈：别高兴得太早了，你试试就知道了。

宸宸：可以开始了吗？

妈妈：我现在心里已经有答案了。你可以提问了，提问的规则和之前一样。

宸宸：好的。这个人是中国的吗？

妈妈：是的。

宸宸：这个人是已经死了还是还活着？

妈妈：拒绝回答。

宸宸：拒绝回答？哦，知道了。这个人还活着吗？

妈妈：不是。

宸宸：……

（由于篇幅所限，不再列出游戏的整个过程。请读者朋友们亲自去体验这个游戏。游戏的目的就是锻炼这种全局性思维模式。）

思维导图的应用

宸宸：我们学了这么多种思维方式，这些东西有什么用呢？

妈妈：肯定有用啊！我们先来看看思维导图在学习方面的应用。

宸宸：思维导图还能帮助学习？

妈妈：我们来看看如何用思维导图记古诗。比如下面这首诗：

画

唐 王维

远看山有色,

近听水无声。

春去花还在,

人来鸟不惊。

宸宸：记这首诗还需要思维导图吗？

妈妈：可以用思维导图帮我们来分析和记忆。先找出这首诗中核心的几个字。

远看山有色,

近听水无声。

春去**花**还在,

人来**鸟**不惊。

妈妈：然后再根据这首诗的意思，画出一张思维导图。

宸宸：哇！好漂亮啊！这样看一遍是不是就能记住了？

妈妈：其实比看一遍记得更牢固的方法，是自己亲自画一遍。按自己的理解，用自己喜欢的颜色、喜欢的配图、喜欢的风格把这首诗画到思维导图上,那你记忆的效果就更高了。

(以下给出几段材料的记忆思维导图,仅大家参考。建议读者朋友根据自己的理解,尝试把需要记忆的材料用思维导图画出来。)

材料1:

> 望天门山
> 唐 李白
> 天门中断楚江开,
> 碧水东流至此回。
> 两岸青山相对出,
> 孤帆一片日边来。

材料2:

幸福是什么

河流的幸福,是永不停息的流淌,为岸上干旱的农田浇灌。蜜蜂的幸福,是将花粉酿成甜蜜,用自己的辛苦换来他人的笑脸。小鸟的幸福,是为庄稼消灭虫害,让农民享受丰收的喜感。蜡烛的幸福,是燃烧自己照亮世界,让光明代替黑暗。我的幸福,是用知识丰富自己,用智慧去装扮祖国的明天。幸福是奉献,唯有奉献,方使心灵充实而丰满!

材料3：

蜜蜂

我是一只小蜜蜂，我们蜜蜂是过群体生活的。在一个蜂群中有三种蜂：一只蜂王，少数雄蜂和几千到几万只工蜂。我就是这千万工蜂之一。

我的母亲就是蜂王，它的身体最大，几乎丧失了飞行能力。这没有关系，它有千千万万个儿女，我们可以供养它，也算尽了孝道吧！在我的家族中，只有蜂王可以产卵，它一昼夜能为我们生下1.5万到2万个兄弟。蜂王的寿命大约是三年到五年，在我们家族中它可以说是寿星了。

在蜂群中还有一种蜂叫雄蜂，它和我们大不相同，它"人高马大"，身体粗壮，翅也长。它的责任就是和蜂王交尾。交尾之后，它也就一命呜呼了。

要说家族中数量最多，职责最大的还是我们工蜂。我们是蜂群的主要成员，工作也最繁重：采集花粉、花蜜，酿制我们的"口粮"、哺育我们的弟弟们、饲喂我们的母亲、修造我们的房子、保护家园、调节室内温度和湿度……别看这样，我们的身体是非常弱小的，我们的寿命也只有六个月，就像天空的流星一样——一闪即逝，仅有一点儿时间去闪耀自己的光辉。

看完我的介绍，你们觉得蜜蜂的贡献是不是很大啊？

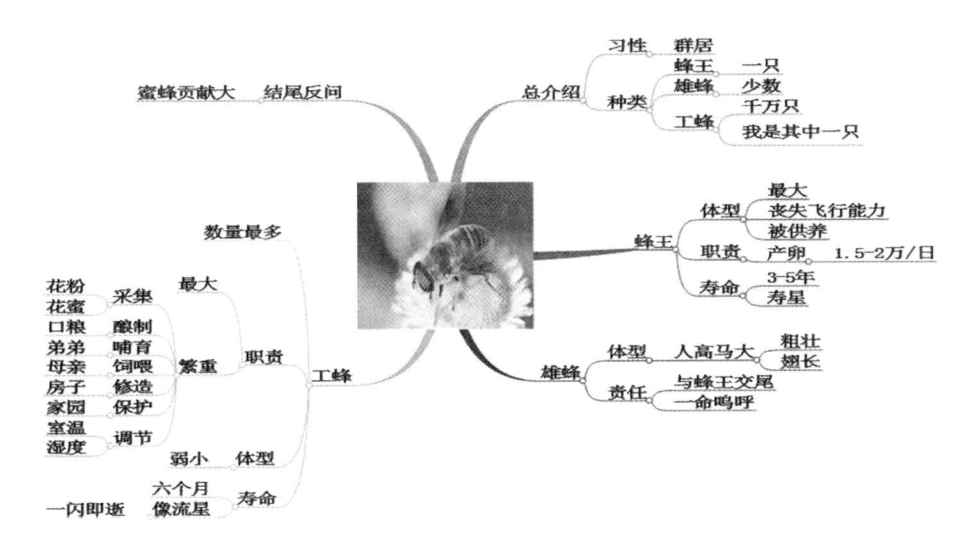

蜜蜂贡献大　结尾反问　　总介绍　习性　群居
　　　　　　　　　　　　　　　蜂王　一只
　　　　　　　　　　　　　种类　雄蜂　少数
　　　　　　　　　　　　　　　工蜂　千万只
　　　　　　　　　　　　　　　　　我是其中一只

体型　最大
　　　丧失飞行能力
蜂王　职责　被供养
　　　　　　产卵　1.5-2万/日
　　　寿命　3-5年　寿星

花粉　采集　　数量最多
花蜜　　　　　最大
口粮　酿制
弟弟　哺育　　繁重　职责　工蜂
母亲　饲喂
房子　修造
家园　保护
室温　调节

　　　　　弱小　体型
一闪即逝　六个月　寿命
　　　　　像流星

雄蜂　体型　人高马大　粗壮
　　　　　　　　　　　翅长
　　　责任　与蜂王交尾
　　　　　　一命呜呼

宸宸：思维导图在生活中有啥用呢？

妈妈：在生活中用处也很多啊，它可以帮我们设计和策划很多内容。比如这个周末咱们家要来个大扫除，你怎么计划呢？

宸宸：这有啥好计划的，干活就是了。

妈妈：我们要有明确的分工，这样才能责任到人，要不然又有人要偷懒了。

宸宸：那就分呗！这也要用思维导图吗？

妈妈：如果咱们家有几十个房间，整个清扫一遍需要好几天时间的话，提前用思维导图规划一下，肯定干活的时候更有计划和章法。

宸宸：那该如何规划呢？

妈妈：一般情况下，这样的活动需要按"5W2H"原则来规划，即"时间、地点、人物、事件、原因、经过、结果"这七个维度。（由于篇幅所限，"5W2H"详细解读请参考《七天学会思维导图》。）

宸宸：哦，我知道了，是不是"who、when、where、what、why、how、how much"这七个维度？

妈妈：太对了！这你也知道啊？！

宸宸：那可不是！

（以下思维导图供参考）

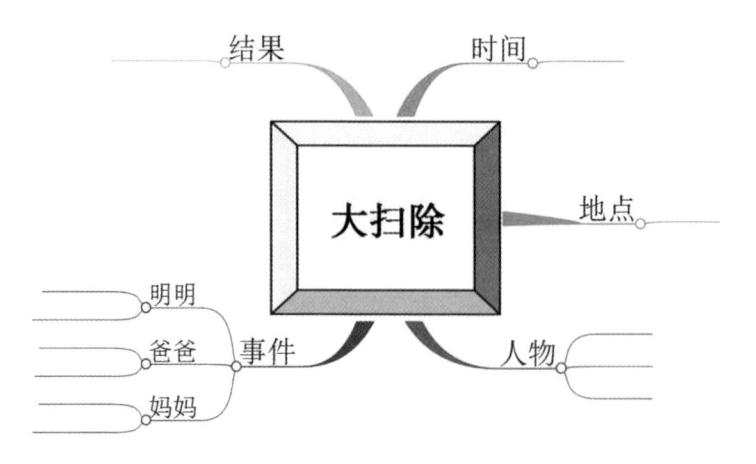

宸宸：思维导图还能做什么？

妈妈：其实思维导图在演讲和写作方面的应用最广了。比如要你写一篇有关自我介绍的文章，或者让你口头作一个正式的自我介绍。如果提前用思维导图规划一下，那你的介绍就会显得特别优秀。

宸宸：还有这功能？

妈妈：那可不是！

宸宸：你学我？！

妈妈：哈哈。你看下面这张图，就是一张小女孩的自我介绍，你看优秀不优秀？

宸宸：可是妈妈，我画不了这么漂亮的图怎么办？

妈妈：漂亮的思维导图是给别人看的。思维清晰才是思维导图的关键。

宸宸：前面的四种思维模式的训练才是重点？

妈妈：是的。思维导图，重在"思维"。

第八章 大脑超频——竞技记忆

石伟华（以下简称老石）：刘老师，听说您是国内第一个完全靠自学拿到世界记忆大师称号的人。太佩服您了！

刘敏：不敢当！不敢当！我并不是第一个，也不是完全靠自学。

老石：你别这么谦虚啊！因为不光我佩服，今天我还带来了一位您的超级粉丝。人家专门从上海赶到北京来拜访您！

小陈：刘老师好！我是您忠实的粉丝，您可以叫我小陈。

刘敏：你好！别整得这么庄重，我有点不适应。

老石：人家是真心来向您请教有关世界脑力锦标赛的秘诀的。

刘敏：哪有什么秘诀。你想知道什么，我愿意倾囊相授。

小陈：太感谢了！

世界几大赛事

石伟华：刘老师，你就给小陈同学介绍一下比赛的那些事吧！

小陈：是啊。刘老师，我也想参加比赛，我也想成为世界记忆大师。您能给我讲讲这些比赛的具体情况吗？

刘敏：在石老师面前讲这些，我是不是有些班门弄斧啊？

老石：刘老师你别打我脸。我这些年一直研究的是学科应用这个方向，我连比赛现场的门都没摸到过。你才是这方面的专家。

刘敏：那好吧。那我讲得不对的地方您及时纠正。

小陈：两位老师就别谦虚了。

世界脑力锦标赛

刘敏：目前世界上公认的最权威的"世界记忆大师"的认证是"世界脑力锦标赛"。一般情况下，大家说某人是"世界记忆大师"都是通过这个比赛来认证的。

老石：刘老师详细介绍一下这个比赛的情况吧。

刘敏：好的。

世界脑力锦标赛，英文名称是"World Memory Championships"，是由被尊称为"世界记忆之父"的托尼·布赞先生于1991年发起的。

（托尼·布赞，英文名字Tony Buzan，也有人翻译为"东尼·布赞、东尼·博赞、托尼·博赞"，生平在本书"思维导图"一章中有过详细介绍。）

目前，世界脑力锦标赛由"世界记忆力运动委员会（WMSC）"负责组织，是目前公认的世界范围内最高级别的记忆力赛事，也是公认的世界范围最权威的脑力赛事。目前已经成功举办了29届，又被誉为"记忆界的奥林匹克"。

世界脑力锦标赛每年举行一届，自2010年广州赛开始，已经多次在中国举办总决赛。

世界脑力锦标赛不仅仅是一场竞技比赛，更重要的一个任务是负责世界记忆大师的资质认证。

小陈：哦。原来"世界记忆大师"就是这个比赛认证的啊！我还以为是哪个部门负责认证呢！

刘敏：这也是一个部门，全名叫"世界记忆力运动委员会（WMSC）"。只不过是认证的考试和比赛一起举行而已。

小陈：刘老师，世界记忆大师的考试好考吗？

老石：哈哈。你这问题问的，我总觉得像是在问世界首富"赚钱难吗"，哈哈哈哈。

刘敏：是的。不过小陈同学，世界大师的认证是有好几个级别的。不同的级别难度不一样，看你是想认证哪个级别的记忆大师。

小陈：还分好几个级别？不都叫世界记忆大师吗？

刘敏：是的，大赛刚刚开始的那些年，统称为"世界记忆大师"。近几年，随着世界记忆大师人数的增加，为了更好地区别大师与大师之间水平的高低，目前把世界记忆大师分为三个级别。其中最低的级别叫"国际记忆大师"。

国际记忆大师（IMM），英文全称是"International Master of Memory"。这是组委会负责认证的最低级别的记忆大师。这个级别的"世界记忆大师"没有人数限制，只要达到相应的标准，就能拿到记忆大师的头衔。

小陈：这个标准是什么？是达到一定的速度还是达到一定的分数呢？

刘敏：世界记忆大师的认证一般有"三条及格线、一个要求、一个总分数线"。十几年前，这三条及格线是这样的。

马拉松数字成绩：1小时内记住随机数字的个数不低于1000位

马拉松扑克成绩：1小时内记住扑克牌的数量不低于10副（520张）

快速扑克成绩：记住1副扑克牌的时间不超过2分钟

小陈：2分钟记1副扑克牌，这已经很快了呀。对于普通人来说，2小时也记不下一副洗乱的扑克牌啊。

刘敏：是的。不过随着越来越多的中国人参加世界脑力锦标赛，这个成绩开始被不断地刷新。中国选手邹璐建还创造了13.956秒的快扑（快速扑克记忆）纪录。

小陈：哇！13秒，看都看不完，怎么记得下来？！太厉害了！

刘敏：所以，为了增加记忆大师资质的难度，组委会近几年多次修改这三条标准线。以下是2020年公布的最新标准。（具体标准以官方资料为准）

马拉松数字成绩：1小时内记住随机数字的个数不低于1400位

马拉松扑克成绩：1小时内记住扑克牌的数量不低于14副（728张）

快速扑克成绩：记住1副扑克牌的时间不超过40秒钟

小陈：看来想取得世界记忆大师的称号是越来越难了。

刘敏：其实是越来越简单了。目前国内已经有近千人拿到了世界记忆大师的称号，几乎每年都有近百人或者一百多人取得这个称号。

小陈：难度越来越高，那为什么取得这一资质的人却越来越多呢？

刘敏：简单地讲，就是教练越来越多了。十几年前，国内能够辅导这项比赛的就那么几个人。十几年过去了，他们的弟子和弟子的弟子中已经有越来越多的人具备了辅导别人参加这项比赛的能力，而且辅导也越来越专业了。

小陈：看来，靠自学还是很难啊！

刘敏：自学不是完全没有可能，只是可能会走很多的弯路，需要花比别人更多的时间和精力来训练，才能达到预期的效果。但是如果有专业的教练带着训练，先不说成绩能训练得多好，至少不会犯错，不会把时间浪费在没有必要的事情上。

小陈：跟专业的人，做专业的事！

刘敏：是的，至少会"省时省力"。

小陈：刘老师，你刚才说取得这个资质，还有一个要求和一个总分数线。这是什么意思呢？

刘敏：一个要求，就是要求参赛者必须参加全部的十个项目。

小陈：全部的"十个"项目？前面不是说只有三项吗？

刘敏：前面的三项当然要参加，而且要达到刚刚说的那些时间和数量的要求。另外的七个项目也都要参加，只是另外七项没有单独的要求。

小陈：那另外的七项都是什么呢？

刘敏：世界脑力锦标赛的十个比赛项目分别是：

1. 快速扑克记忆（Speed Cards）

2. 马拉松扑克记忆（One Hour Cards）

3. 快速数字记忆（Speed Numbers）

4. 马拉松数字记忆（One Hour Numbers）

5. 听记数字（Spoken Numbers）

6. 二进制数字记忆（Binary Number）

7. 人名头像记忆（Names & Faces）

8. 虚拟历史事件记忆（Historic Future Dates）

9. 抽象图形记忆（Abstract Images）

10. 随机词汇记忆（Random Words）

小陈：这十项都要训练吗？

刘敏：是的，不过有些人会选择性训练自己的强项。对于自己不适合的项目，就简单训练一下，只要不得0分就行。

小陈：不是只要刚才的三条及格线满足就可以吗？为什么还要训练强项呢？

刘敏：因为还有一个"总分数"，就是这十项的总分必须达到3000分。如果仅仅是靠刚才的三项，是很难达到3000分的总分的。

小陈：噢，我明白了。是不是可以这样理解：这就像是一次考试，一共考十门课，其中三门是主课，要求每门课必须要及格，另外的七门不能有缺考的，而且十门课的总分还要达到3000分以上。

刘敏：你理解得很对。只要达到这个标准，就会被授予"国际记忆大师（IMM）"的称号。

小陈：那另外的两个称号又是什么呢？

刘敏：第二个级别叫"特级记忆大师（GMM）"。

特级记忆大师（GMM），英文全称是"Grand Master of Memory"。特级记忆大师除了要满足前面IMM的所有要求外，还要求比赛的总分数不能低于5500分。而且每年对GMM的认证是有人数要求的。

每届比赛组委会只授予满足以上条件的分数最高的5位选手GMM的称号。

小陈：也就是说如果运气不佳，赶上自己参赛的那一届比赛高手如云，即使达到了5500分，也拿不到这个称号？

刘敏：是的，不过如果自己真的是实力担当，哪怕高手如云，也是有机会的。

小陈：不是只授予前五名吗？

刘敏：因为还有一个比这个级别更高的记忆大师，叫"国际特级记忆大师"。

国际特级记忆大师（IGM），英文全称是"International Grand master of Memory"。这是世界记忆大师中级别最高的，取得了这个称号，就相当于走上了记忆界的巅峰。因为这个称号要求除了要满足IMM的三条及格线之外，本次比赛的总分必须达到6500分。

组委会对IGM没有人数限制。

小陈：您的意思是说，即使在比赛中没有冲进前五名，但是总分数只要达到了6500分，就可以成为IGM了？

刘敏：是的。

小陈：但那还是无法取得GMM的称号啊？

刘敏：有了IGM，谁还会在意GMM啊？就像你已经是奥运冠军了，你还在乎自己是不是小组第一吗？

小陈：可是我不明白，组委员为什么要设置这样一个看上去有点相互矛盾的规则呢？

刘敏：其实原因很简单。能达到6500分的人太少太少了。目前在中国的近千位世界记忆大师中，仅有17人取得了IGM的称号（该数据截至2019年底）。

小陈：那这17人就是精英中的精英了。

刘敏：是的，而且他们是绝对靠实力打拼出来的。

小陈：我这辈子还有希望吗？

刘敏：从现在开始就训练，2~3年，你也有机会成为IGM。

亚洲记忆锦标赛

小陈：刘老师，听说还有个亚洲记忆锦标赛？

刘敏：是的，最近几年搞了个亚洲记忆锦标赛，但是参加的人并不多。

小陈：为什么呢？

刘敏：因为本身已经有一个世锦赛，亚洲赛听起来就没那么有分量。另一方面，因为参加亚洲记忆锦标赛的只能是亚洲国家的选手，而世界上大部分的高手都聚集在亚洲。特别是以中国、朝鲜、印度为代表的国家真的是高手如林。

小陈：也就是说，想在亚洲赛上拿到名次比在世界总决赛上拿名次还要难。

刘敏：也不完全是这样，因为并不是所有的大师都愿意参加亚洲赛。但是反过来，如果能在亚洲上拿到名次，肯定也能在世锦上拿到相当不错的成绩。

小陈：亚洲赛也有认证吗？比如认证一个"亚洲记忆大帅"？

刘敏：是的。确实有一个"亚洲记忆大师"的认证，而且这个证书在记忆圈内的含金量还是很高的，大家对能拿到这个证书的选手的能力还是普遍认可的。

小陈：那为什么很多的大师不愿意参加这个比赛呢？

刘敏：因为对于普通的大众来说，毕竟"亚洲"不如"世界"听上去厉害啊。这就像是乒乓球的比赛，其实在全国乒乓球锦标赛上拿到冠军可能比在奥运会上拿个冠军更难。但是如果你是"世界冠军"大家就觉得你特别厉害，相反你如果是"全国冠军"，大家就觉得没有"世界冠军"厉害了。

小陈：噢，原来这样啊！我明白了。那亚洲记忆大赛参加的人是不是很少？

刘敏：也不完全是，当然没有世界脑力锦标赛多。其实还有一个比赛与此完全不一样，近几年也有很多的记忆大师开始参加这个比赛。

小陈：完全不一样是什么意思？

刘敏：因为这个比赛并不要求现场记忆。

国学经典记忆大师赛

小陈：这我就不明白了，那怎么比啊？

刘敏：这个比赛石老师比我更了解，让他给你介绍一下吧。

老石：好吧。终于轮到我说话了，哈哈。我快憋死了。

刘敏：那好，接下来的半小时归你。哈哈哈哈。

老石：这个比赛是由张海洋老师发起的。全名叫"中华经典记忆大赛"，是为了推广国学知识，激励大家去记忆更多的国学经典而设置的一个比赛。

小陈：国学经典？是指四书五经吗？

老石：是的。详细的规则我就不介绍，比赛的内容包括《道德经》《孙子兵法》《易经》《金刚经》《论证》以及《唐诗三百首》等十几本国学经典。

小陈：是要求背诵吗？

老石：是的。但是不要求现场背诵，也就是说这个比赛比拼的并不是速度，而是结果。你自己在家是用一个月背完的还是用十年背完的，大赛组委会完全不干涉，只要在比赛现场能够准确地背诵出原文的内容，就算合格。

小陈：这不和现在的考试很像吗？

老石：是的。但是这个比赛认证的最高级别是"中华经典特级记忆大师"，要想拿到这个头衔，要求背诵的全文大约有12万字。

小陈：12万？

老石：别激动。如果是12万字的现代文还好，这12万可全是古文啊！

小陈：哇！这要记多久啊？

老石：据说最快的一位选手只用了几个月时间。

小陈：这么快？他是如何做到的呢？

老石：首先呢，参加这个比赛的选手有相当一部分本身就是已经拿到"世界记忆大师"资格的选手，另外他们都对中华经典的内容特别感兴趣。

小陈：那他们就是轻车熟路了？

老石：也不完全是。国学知识的记忆和数字、扑克等信息的记忆还是有很大区别的。不过之前的训练有很大的帮助。

小陈：那这个比赛怎么比呢？是要现场默写吗？12万字啊！

老石：那倒不用，每本经典都是采用抽背的形式。我印象中是由6名评委分别抽背其中的6章（节），如果能顺利背诵出5章（节）的内容，就算过关。（详细规则请参考组委会相关规定。）

小陈：噢，这样啊！这要是现场一紧张全忘了不就全完了。似乎这个的难度比"世界记忆大师"还大啊。特别是像我这样一上台就紧张的人。

刘敏：在世锦赛上一紧张，一张牌、一个数字也想不起来的情况也不是没有。好多人平时训练成绩很好，一到正式比赛就紧张得脑子一片空白。

小陈：看来哪个比赛也不是随便就能取胜的啊！

老石：是的。没有金刚钻，不揽瓷器活！

刘敏：别打击人家。虽然难度很高，但是只要努力，只要坚持训练，训练到一定程度以后，虽然仍然会紧张，但是紧张的程度可以控制在一定的范围内，而且基本不影响比赛的正常发挥。

小陈：目前我还是对竞技类的项目比较感兴趣。只是那么多的比赛项目，我不知道自己能不能学会啊！

老石：有刘老师在这儿，你怕啥？

刘敏：好吧！你这广告做得恰到好处啊。

比赛项目

小陈：刘老师能给我大概介绍一下每个比赛的项目吗？

刘敏：好的。那我就分别给你介绍一下吧！不过时间有限，我只能大概介绍一下比赛的内容和规则，以及每个项目的特点。至于如何训练，这真不是三言两语能说清楚的。

小陈：我明白，谢谢刘老师。

刘敏：咱们先说三项必修课。排名第一的就是快速扑克记忆，这也是比赛的重头戏。一般会把这个比赛项目的决赛放到最后来比。

小陈：为什么呢？

刘敏：因为这是比赛最精彩，也是最激动人心的部分。能够冲到世界总决赛的选手都不是等闲之辈，再加上这个比赛的时间短，一般只有几分钟，所以具有很强的可观赏性。

小陈：是不是相当于奥运会上的百米赛跑项目啊？

刘敏：可以这样理解。这个项目的难度还是很大的，现在我大概说一下这个项目的比赛要求。

快速扑克：快速扑克记忆要求选手在有限的时间内（目前限时5分钟）完成一副洗乱的扑克牌的顺序的记忆。

每个选手都要求自备两副扑克牌，并提前上交组委会，由组委会负责统一设置扑克的顺序。也就是说，参加比赛的所有选手的扑克顺序是统一的，不存在大家的扑克记忆难度不同的问题。

其中一副牌是组委会统一设置排好的，也就是要求选手记忆的扑克。另一副牌是选手用于回忆，即选手记忆完成后，需要根据记忆把另一副牌排列成自己记忆的那副扑克的顺序。然后由裁判和选手逐张进行核对，只有一张不错，成绩才算有效。

此项目时间最长为5分钟，选手可以根据自己的情况选择开始时间，并通过计时器进行计时。只要在五分钟内记忆完毕，即视为时间有效。停止计时后，选手有5分钟时间用于根据回忆将第二副牌排列成自己记忆的牌的顺序。

小陈：那马拉松扑克和快速扑克在记忆难度上有什么区别吗？

刘敏：这就相当于奥运会上的百米跑和马拉松项目。一个考验的是速度，另一个考验的是毅力。

马拉松扑克：马拉松扑克是要求选手在1小时的时间内，尽可能记忆更多的扑克牌的顺序（扑克牌的顺序也是由组委会统一设置的）。此项目要求选手提前向组委会申报需要记忆多少副扑克。水平一般的选手会选择10副、高手会选择30副、近几年已经有一些世界顶级的高手要求记忆50副牌。

此项目的答题和快速扑克不一样，不需要用扑克牌进行排序，而是通过在纸上答卷的方式进行答题。（以下答卷样本仅供参考，具体答卷参考官方的标准）

在空格内填上数字或A，J，Q，K。

第 　 副			
♣	♦	♥	♠
♣	♦	♥	♠
♣	♦	♥	♠
♣	♦	♥	♠
♣	♦	♥	♠
♣	♦	♥	♠
♣	♦	♥	♠
♣	♦	♥	♠
♣	♦	♥	♠
♣	♦	♥	♠

刘敏：在答题时，首先在最上面写明这是第几副牌，然后按顺序把扑克牌写到上表中即可。比如第一张牌是红桃5，即在第一行的红桃后面写上5。第二张是黑桃Q，就在第二行的黑桃后面写上Q。

（如下图，扑克牌按顺序分别是：红桃5、黑桃Q、草花A、方片3、方片6、黑桃7、红桃9、草花Q、方片K、黑桃8）

在空格内填上数字或A，J，Q，K。

第 12 副			
♣	♦	♥ 5	♠
♣	♦	♥	♠ Q
♣ A	♦	♥	♠
♣	♦ 3	♥	♠
♣	♦ 6	♥	♠
♣	♦	♥	♠ 7
♣	♦	♥ 9	♠
♣ Q	♦	♥	♠
♣	♦ K	♥	♠
♣	♦	♥	♠ 8

小陈：马拉松数字记忆项目和马拉松扑克记忆项目是不是很类似啊？

刘敏：是的，都是考验耐力的项目。但区别是马拉松扑克记忆是拿着扑克牌一副

副地记，而数字记忆是全都印到一张纸上来记。（如下图）

5 8 0 9 2 8 9 2 3 7 9 0 0 1 2 7 8 6 9 1 4 1 4 4 6 0 4 1 8 5 2 4 8 4 2 7 0 6 9 5	Row 1
7 2 8 7 6 0 6 3 6 5 4 7 0 2 0 3 1 1 9 2 7 2 0 4 5 9 2 1 6 9 9 3 5 1 9 1 9 0 3 0	Row 2
6 4 5 3 6 9 3 8 9 3 0 5 6 8 8 3 2 0 7 5 7 5 6 2 4 8 9 3 8 6 6 8 8 1 7 7 1 5 5	Row 3
9 5 0 9 7 7 7 0 7 4 3 2 2 4 9 6 3 7 6 0 3 7 6 7 0 2 7 2 7 9 2 6 7 1 4 0 6 5	Row 4
1 9 0 3 7 2 0 6 3 1 9 1 4 4 0 0 6 8 7 5 7 2 8 1 3 8 7 2 8 4 3 3 0 0 3 5 8 3 1	Row 5
2 0 7 1 1 3 7 4 7 8 6 1 7 2 9 2 6 8 3 6 5 5 6 9 7 2 0 4 5 2 5 4 5 0 4 5 7 3 8	Row 6
8 9 6 4 5 9 5 7 1 6 1 2 9 3 1 8 1 5 4 8 3 7 6 1 8 0 9 3 4 6 1 1 2 5 5 7 1	Row 7
7 4 3 6 6 0 0 9 4 9 7 2 4 6 3 3 4 3 4 7 0 7 2 0 1 8 7 6 2 7 2 1 4 5 6 4 4 9 8	Row 8
1 7 9 5 9 8 4 4 2 6 6 6 4 9 0 3 0 1 9 8 0 0 6 5 5 9 7 9 9 0 7 5 0 3 7	Row 9
9 9 1 9 8 8 3 6 3 7 0 6 2 0 3 2 0 1 7 7 0 3 5 6 2 9 9 2 6 9 6 8 7 1 1 4 0	Row 10

刘敏：每行有40位数字，每页有25行。也就是说每页纸上有1000位数字。

小陈：记忆原理不都一样吗？有什么区别？

刘敏：区别是记数字的时候，容易眼花。哈哈，你想想，一张纸上就1000位数字，你要盯着这张纸接近一个小时的时间。先不说记，让你眼睛不离开这张纸盯一个小时，你试试什么感觉？

小陈：我懂了。记扑克牌时是要亲自一副副地拿起来，一张张搓开来记。有个拿起、放下、拿起、放下的过程。

刘敏：对。每记完一副，就有一种成就感。而且可以借拿起、放下这个过程，让自己的大脑稍微放松几秒钟。这个很关键啊！

小陈：看来这不仅仅是记忆能力的问题，一般人的毅力就坚持不了。

刘敏：是的。能力、心态各方面都很重要。

小陈：那这1000位数字，是每记住一位就有一分吗？

刘敏：不是的。数字记忆的评分标准是按行来计算的。

数字马拉松记忆的试卷纸每页上面印有1000位随机数字。这些数字被分为25行，每行40个数字。〔近几年，世界各国选手的成绩在突飞猛进。目前已经有选手记忆的数量超过4000位。也就是说组委会在准备考卷时至少要有5页纸（5000位数字）或者更多，才能确保不会发生选手在一小时内全部记完而没有题目可记的情况。〕

选手有一小时时间来记忆这些数字，然后有两小时时间在新的答卷纸上默写这些数字。在评分时，每记对一整行得40分。如果一行中仅有一位数字错误或者空缺，则该行得20分。如果一行中错误数字或空缺数字的个数达到2个或2个以上，则该行得0分。

小陈：这也太苛刻了吧？这就是说，如果我运气不好，每行都只对了38位数字，哪怕我把5000位全部记完了，也只能得0分？

刘敏：是的。所以记忆大师必须要确保正确率，一味地追求速度是不行的。

小陈：这也太难了。不过听说还有一些非常好玩的比赛，比如一些稀奇古怪的比赛项目？

刘敏：哈哈，啥叫稀奇古怪？

小陈：比如记一些照片或是记一些奇怪的图片？

刘敏：你的说是"人名头像记忆"和"抽象图像记忆"吧？

小陈：对。这两个项目是什么，您给介绍一下吧！

刘敏："人名头像记忆"是在规定时间内记住尽可能多的人像的名字。

（下图是某年决赛考题的部分内容）

唐·宗兴	林肯·金斯	勾利娜·芭比	尼古拉斯·瑞丽	卡尔·伍德
张·维维	罗琳·欧	阿黛拉·欧拉	乔治·哈弗	罗密欧·维尔
柳·香香	艾尔·马克思	布兰妮·梦丽娃	卡洛斯·瓦特	大卫·约瑟夫

小陈：这也太难了吧！特别是对中国人来说，记忆黑人和白人的面孔和名字有点难啊！

刘敏：是的，但是对于西方人来说，记忆黄种人的面孔和名字也很难啊！

小陈：也是啊！人名都是中文的吗？

刘敏：不是的，选手在参赛报名时需要提前跟组委会申请用哪种语言。

小陈：噢，这样啊。还好，如果是英文的名字就更难了。

刘敏：是的，不过好在是记照片。如果是记大活人，就更难了。

小陈：这怎么讲？

刘敏：因为照片上有固定不变的可用信息。比如正脸还是侧脸、微笑还是冷漠、服饰上是否有特点。这些都是非常重要的信息。

小陈：哦，那这个比赛是如何评比呢？

刘敏：这个是通过答卷的方式。答卷纸上只有记忆的照片，但是没有名字，而且照片的顺序是被打乱了的。

（下图为某年考题答卷纸的部分内容）

小陈：我还以为是选择或者连线呢？这直接要求默写有点难了。

刘敏："抽象图形记忆"可能会让你觉得更难。因为这一项目是让你记忆一些完全没有规律的抽象图像的顺序。

小陈：什么叫抽象图像？

刘敏：你看看下面的图，就知道什么是抽象图形了。

小陈：这都是些什么啊？

刘敏：这就是抽象图形，是由随机的花纹加随机的形状组成的图形。

小陈：这怎么记？是要画出来吗？

刘敏：你这说得就夸张了。这个项目是要求记住每一行的五个图像的排列顺序，即每一行的五个图形，要记住哪个排在最左边、哪个排在最右边。答卷纸上会把每行五个图形的顺序打乱，要求选手根据记忆写出打乱前的顺序。

（如下图，为与上图配套的答卷纸）

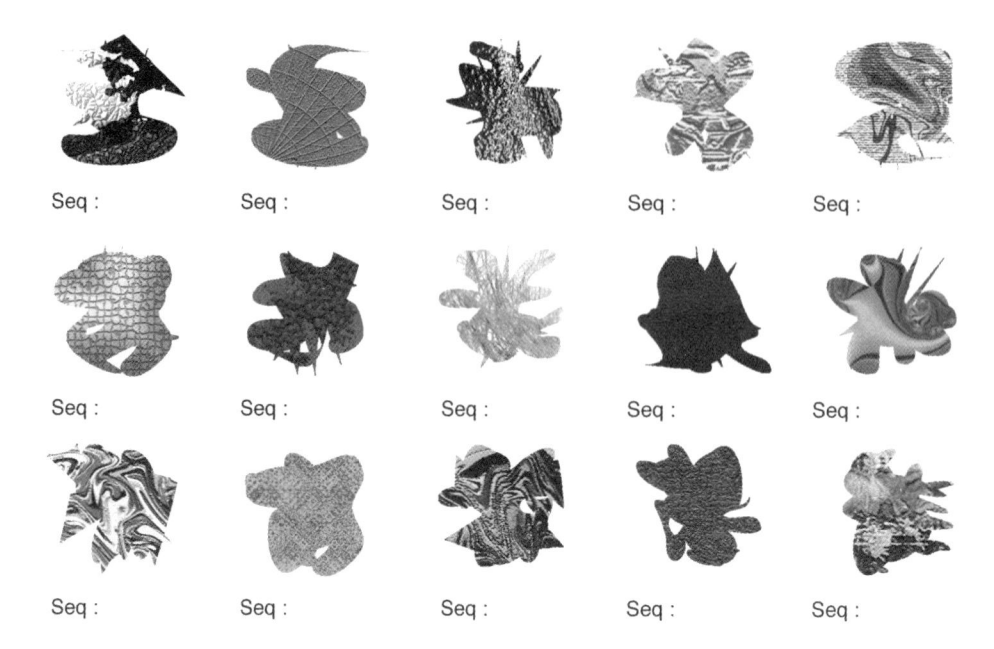

Seq :　　　　　Seq :　　　　　Seq :　　　　　Seq :　　　　　Seq :

Seq :　　　　　Seq :　　　　　Seq :　　　　　Seq :　　　　　Seq :

Seq :　　　　　Seq :　　　　　Seq :　　　　　Seq :　　　　　Seq :

小陈：我现在有点怀疑，记忆大师们的脑子是肉长的吗？

刘敏：哈哈，你让我想起了那个笑话。脑子里一半是水，一半是面粉。

小陈：什么意思？

刘敏：只要晃一晃，就成糨糊了。

小陈：好吧，哈哈哈哈。不过听了你的介绍，我感觉自己对记忆大师的训练越来越没信心了。

刘敏：刚开始都这样，真正开始学习和训练以后，搞明白了方法，就不觉得难了。

小陈：我的感觉这不是难，是完全不可能完成的任务啊。

刘敏：其实更难的是训练的决心和毅力。还有就是，记忆大师训练最关键的核心是数字和扑克的记忆，其他几项都是加分项。

小陈：噢。不过还是觉得很难！

刘敏：其实真的不是很难，只要能坚持训练1000小时左右，大部分人都能达到记忆大师的及格线。

小陈：1000小时？！让我算一算，每天8小时，还需要125天。就是说脱产训练的话，大概需要四个月。

刘敏：差不多吧。除非你特别有天赋或者特别笨，否则差不多需要3~6个月时间。

参赛流程

小陈：刘老师，所有人都可报名参加世界脑力锦标赛吗？

刘敏：是的，不过目前中国是这样组织的。想参加世界脑力锦标赛的总决赛，必须要先参加中国区总决赛（简称国赛），在国赛中达到一定的分数，才能参加总决赛。

小陈：也就是说中国赛相当于初赛，必须要在初赛中晋级才行？

刘敏：其实在国赛前，还有一个区域赛（也叫城市赛）。这个区域赛是任何人都能报名参加的，没有任何门槛。在区域赛中达到一定成绩以后，就可以晋级到国赛了。

小陈：进入国赛难吗？每年进入国赛的大概有多少人？

刘敏：几百人吧。进入国赛并不难，但是进入世界总决赛就要难得多。因为想参加的人太多了，所以组委会也会想办法限制一下人数。每年咱们国家进入世界总决赛的也会有几百人，而且还有很多是可以直接进入总决赛的。

小陈：什么样的人可以直接进总决赛？

刘敏：都是些已经取得世界记忆大师资格的老选手。

小陈：他们不是已经拿到世界记忆大师称号了吗？为什么还要参加比赛？

刘敏：有些大师在往年的比赛中只拿到了IMM，还想冲击一下GMM或者IGM。所以，有些大师会多次参加世界脑力锦标赛的总决赛。

小陈：哦，这样啊。怪不得我之前在有些媒体公布的中国取得世界记忆大师称号的年表资料中看到，有些人的名字在好几年的名单中重复出现。我还以为是资料错了呢！

刘敏：这有什么，你忘了多米尼克还是八届比赛的总冠军呢！

小陈：对对对！听说托尼·博赞去世以后，他成了大赛的主席。

刘敏：是的，他也是"神一样的存在"！

小陈：比赛日期是固定的吗？

刘敏：只能说时间没有太大变化。每年10月全国各大赛区进行城市赛，11月集中到一个城市进行中国赛区决赛，每年12月进行世界总决赛。

小陈：在这三个级别的比赛中，比赛的项目和规则都一样吗？

刘敏：比赛项目是相同的，比赛的时长略有不同。（详见下表）

比赛项目	城市选拔赛	中国赛	世界赛
人名头像	5 分钟	15 分钟	15 分钟
二进制数字	5 分钟	30 分钟	30 分钟
随机数字	15 分钟	30 分钟	60 分钟
抽象图形	15 分钟	15 分钟	15 分钟
快速数字	5 分钟	5 分钟	5 分钟
虚拟事件和日期	5 分钟	5 分钟	5 分钟
随机扑克牌	10 分钟	30 分钟	60 分钟
随机词语记忆	5 分钟	15 分钟	15 分钟
听记数字	100 秒和 300 秒	100 秒、300 秒和 550 秒	200 秒、300 秒和 550 秒
快速扑克牌	5 分钟	5 分钟	5 分钟

训练过程

小陈：刘老师，您刚才说一般训练需要3~6个月的时间。那整个训练过程是怎样的？您能简单介绍一下吗？

刘敏：可以啊。整个训练过程可以大概分为三个阶段。

第一阶段：**基础阶段**，以学习基础的知识和方法为主，大概需要一个月的时间。

第二阶段：**提升阶段**，以全面提升速度，扩大记忆数量为主，大概需要2~4个月。

第三阶段：**冲刺阶段**，以模拟比赛为主，把自己的状态调整到最佳，大概需要1~2月。

小陈：光"基础阶段"就需要一个月时间啊，基础阶段主要学习些什么内容呢？

刘敏：基础阶段主要是学习编码技术和定桩技术的基本原理，并在教练的指导下完成自己的编码系统。同时要利用这段时间，形成自己的地点桩系统。而且要在基础阶段对自己的编码和地点桩达到基础熟悉的程度。

小陈：记忆大师用的编码也是两位数字编码吗？

刘敏：目前国内大部分的大师采用的是以两位编码以基础的编码系统。只有部分大师采用三位编码系统，也有部分高手采用是"2+2"的四位编码系统或者采用"PAO"系统。

注："2+2编码系统"又称为"多米尼克编码系统"。是将两位编码设置两组，其中一组全部为会动的人物、动物或者卡通形象，另一组全部为不会动的物品。这样就形成了一种类似于"四位编码"的系统。

比如：（以下编码只为举例用，并非最优化的编码设计）

数字"19"，人物编码为"一休和尚"，物品编码为"药酒"

数字"83"，人物编码为"登山者"，物品编码为"花生"

那么，在实际应用时，组合的图像是这样：

当数字为"1983"时，其对应的编码图像为"一休和尚举着花生"

当数字为"8319"时，其对应的编码图像为"登山者抱着药酒"

小陈：我听说三位编码的速度要明显比两位编码快得多，为什么只有很少的大师采用三位编码系统呢？

刘敏：目前国内使用三位编码系统的大师不超过十个人。之所以很少有人使用，是因为三位编码系统的训练成本太高了。

小陈：训练成本？需要花很多钱去买吗？这个自己编码不行吗？

刘敏：哈哈。我说的训练成本是指训练的时间成本。比如两位编码系统，从固定自己的编码到基本熟悉，可能几天时间就够了。因为毕竟两位编码系统只有100个编码，就算使用"2+2"的编码系统，也不过是200个编码。但是三位编码系统是要熟悉1000个编码啊，这个可能要花十倍甚至更多的时间，才能达到相同的熟悉程度。

小陈：那要熟悉三位编码一般要多久啊？

刘敏：哈哈，说来惭愧，我也没有训练过三位编码系统。只是听几位训练过的大师讲，从开始设计自己的编码，到达到基本熟悉和应用的程度，至少需要半年时间。好几个使用三位编码的大师，都是用两年时间来准备比赛的。

小陈：原来真的是难度不一般的大啊。那"PAO"系统又是什么编码？是一种全新的编码方法吗？

刘敏："PAO"系统是一种变形的六位编码系统，它借助"2+2"的两位编码机制，又增加了一个独立出来的图像把两个图像连接起来。可以大概理解为"2+2+2"编码系统。也就是很多人常说的"六位编码系统"。

"PAO编码系统"又称为"六位编码系统"。目前对于"PAO系统"的使用有很多的流派。

（以下举例未验证其正确性，仅用于说明原理。敬请使用过"PAO编码系统"的大师们批评指正！）

有的流派是设计100个动作，即在上述"2+2"编码的基础上又设计了100个动作。比如"97"对应的动作编码是"揪起"，那"199783"对应的图像是"一休和尚揪起一袋花生"。

有的流派是设计了100个场景，即在"2+2"编码的基础上又设计了100个场景或者地点桩。比如"43"对应的场景地点桩是"雪山"，那"431983"对应的图像是"在雪山上一休和尚举着一个大花生"。

小陈：也就是说，"PAO"实际就是"2+2+2"的编码方法，相当于把"多米尼克编码系统"升级了一下。

刘敏：是的。在近几年的总决赛中，朝鲜选手、印度选手的成绩突飞猛进，以碾压级的成绩打破了之前的很多记录。特别是在"马拉松扑克记忆"和"马拉松数字记忆"两个项目中，更是以惊人的成绩刷新了业界的认知。特别是2019年的武汉总决赛中，五位朝鲜选手要了40副甚至50副扑克。最多的一位成功记下了46副零17张牌。

小陈：哇。这么厉害？！

刘敏：其实厉害的并不是他们的成绩，而是他们第一次参加世界脑力锦标赛的总决赛，派出五位选手参加，就有四位选手冲进了前五名，这简直太不可思议了。

小陈：他们采用的是六位编码系统吗？为什么成绩这么厉害？

刘敏：目前传言很多，具体他们使用的是什么技术不得而知。

小陈：我记得之前能记到30副牌的都是绝顶的高手了。

刘敏：是的。当年石燕妮老师以29幅31张的成绩排名世界第三，此后不到五年的时间，世界纪录已经逼近50副了。

小陈：是啊！不知道再过五年，这个成绩又会被刷新到多少？

刘敏：哈哈。我已经老了，刷新这事就看你的了。

小陈：刘老师你别吓我，我可没这能力，我能达到及格线就心满意足了。

刘敏：我看好你哟！

小陈：好吧，我努力！

刘敏：哈哈，加油！咱们回到刚才的话题，训练的第二个阶段"提升阶段"。

小陈：在提升阶段主要任务是什么？

刘敏：提升阶段的主要任务是机械的训练，这是训练最艰难的阶段。没能坚持下来的大部人都是在这个阶段放弃的。因为这个阶段最大的特点就是训练内容机械枯燥、进步慢、时间长。

小陈：那主要训练内容是什么呢？

刘敏：其实就训练三个动作，分别是"读码、连接、定桩"。

读码：前文已经有过介绍。在这个阶段的读码是"秒级"的要求，一般情况下要求读码时间最慢不能超过0.2秒。也就是说，读一张牌或者一组数字的时间不能超过0.2秒。如果超过0.2秒，就要继续训练读码，一直训练达到"0.2秒"的读码速度。

连接：就是训练两个图像的动作连接速度，即当两张扑克牌或者两组数字出现以后，快速地形成一个图像的过程。这个过程同样是秒级内的训练标准，需要达到任何两个图像出现都会自然地形成一个固定的图像。

定桩：将上面两个动作产生的图像固定到地点桩上，并快速地跳到下一个地点桩。

目前，最新的世界记忆大师三条及格线中，记忆一副扑克牌的时间是不超过"40秒"，也就是说记忆一组（两张）扑克牌的时间不能超过1.5秒。这就意味着必须在1.5秒的时间内完成读牌、连接、定桩的过程。而且大部分的大师为了确保不出错，均采用记两遍的方式，这就意味着记忆的速度需要更快。

由此可见，每个步骤、每个动作都只有零点几秒的差距。

小陈：零点几秒的差距，这是如何训练出来的。

刘敏：很多大师在训练的时候，会使用节拍器。比如在训练数字读码的时候，将节拍器设置为0.2秒，然后紧跟着节拍器的节奏，每0.2秒眼睛在数字跳一下。不管大脑是不是已经完成了读码，眼睛都要紧跟节拍器跳动。或者把数字做成PPT自动翻页的模式，总之是强迫自己的眼睛和大脑在这种节奏下工作，时间长了，这种能力就慢慢被逼出来了。

小陈：太恐怖了，现在我还想象不出来这是什么感觉。当自己达到这个速度的时候，是不是特别兴奋？

刘敏：是的。一旦达到了这个速度，确实非常开心，一下子就信心十足了。但是更多的人在还没有达到这个阶段的时候就放弃了。

小陈：是不是达到这个速度后，就可以转到下一个阶段了？

刘敏：算是吧。一般训练到每年的九月左右，就开始转入第三个阶段——"冲刺阶段"了。

冲刺阶段： 这个阶段的主要任务是严格按照比赛的要求进行模拟比赛。从时间、环境、评分标准等各个方面，严格按照比赛的标准进行。

比如"数字马拉松记忆"就要真正专心地记忆一小时，并严格按照总决赛的标准进行评分。十个项目都要训练和模拟，特别是像人名头像记忆、抽象图像记忆等项目，也要认真地训练。确保除了三大项能够达到及格线，还要保证总分能够满足3000分的要求。

冲刺阶段除了要进一步提升自己的成绩外，更多的还是熟悉大赛的形式、流程、规则，让自己适应比赛的节奏、氛围，让自己能够逐渐适应比赛的状态，克服紧张情绪，让自己能够在紧张的状态下依然正常地按平时训练的状态进行记忆和回忆。

很多的选手在平时训练时成绩很好，但是在比赛中并不能发挥出应有的水平。所以，这个阶段的训练就显得尤为重要。

收获及意义

小陈：刘老师，您觉得拿到世界记忆大师对您来说，最重要的意义是什么？

刘敏：可能很多人觉得，最重要的是取得了一张能证明自己是"世界记忆大师"的证书。其实我觉得更重要的，还是证明了自己。

小陈：证明了自己什么呢？

刘敏：证明了自己的能力，也证明了自己的坚持。证明了自己的信心，也证明了自己的毅力。让自己觉得自己也是个懂得坚持的人，也是个能努力的人，也是个能够把一件事件做好并且做到极致的人。

小陈：刘老师说得太好了！

刘敏：不是我说得好，这是我的真实感受。这一纸证书，它本身既不能当钱花，也不能当饭吃。但是每次自己看到这张证书，就能回忆起自己曾经为此而努力的那段经历。特别是在自己的工作、生活中遇到困难和挫折的时候，这张证书能够激励自己，一定要坚持下去，一定能克服这些困难，直到胜利的一天。

小陈：刘老师，为了你这段话，我也要努力一次。

刘敏：加油，你一定能行！我愿助你一臂之力！

小陈：那就太感谢了。刘老师，我一定努力！

编外一：从记忆讲师到记忆大师

我曾经是位普通的客服，如果不是偶然的机会，我可能这辈子都会在客服上岗位上一直默默无闻地工作着。

缘起

九年前的一天，一次偶然的机会，我看到一位老师在课堂上现场表演记忆60位随机数字，并把《道德经》倒背如流。我当时真的被震惊了，简直不敢相信自己的眼睛和耳朵。在惊叹之余，这也点燃了我学习超强记忆术的火种。

自此，我开启了自己的记忆之旅。

从背诵圆周率100位，到3分钟记忆80位随机数字，背诵《千字文》《道德经》英语四级单词。在我感受记忆神奇的同时，我把一个个的"不可能"变成了"可能"，我做到了以前想都不敢想的事情。

我突然觉得自己的记忆力居然如此厉害。如果学生时代我就能学习这种方法，是不是自己也可以考上清华北大呢？只要开始，一切都不晚，我也一定可以让自己的变得与众不同！但历史不能改写，我不想更多的人将来有像我一样的遗憾。我决心把这种好的记忆方法教给更多的人，让他们能够借助这些好的方法考取更高的分数，实现更人的人生目标。

经过学习、训练、考核后，我开始从事记忆教学工作。当看到一个又一个孩子能轻松背诵随机词语、数字、字母，快速背诵古诗文时，我心中的成就感油然而生。每当有孩子告诉我说："老师，通过跟您学习，我对未来的学习充满了信心！"我就对记忆的培训工作更加坚定了。如今，我把做好记忆培训视为毕生的追求！

转变

在我的教学中，将记忆分为应用实战派和技能竞技派。曾经我认为将记忆方法应用到学习中，教育文化知识的记忆中才是记忆培训的王道。背数字、记扑克有什么用？考试又不考，生活中也用不上。只有在脑力锦标赛上才比赛记忆数字、扑克，对于现实的生活和学习没有意义。

因此，从2011年开始，我就把重点放在了如何让快速记忆在学生的学习中有更好的应用，能够提高学习效率，这也就是我要走的实战应用之路。到2017年，我已经积累了大量的实战教学经验，在授课中颇有心得。但是此时，我感觉自己进入了瓶颈期，想要突破，就要继续学习。

无意间看到了一个记忆培训的广告，是面向成人的培训。点开链接一看，是世界记忆大师杨雁老师办的培训。杨老师是当年中国快速扑克记忆大赛的第一名，还打破了快速扑克记忆的记录。他的记忆技术无疑是厉害的。

但是，技术厉害，会讲课吗？讲得好吗？我觉得不一定。

带着这些疑问，我找到了杨老师的一段视频。我发现他不仅讲课非常幽默、而且思路清晰、反应灵活，这完全颠覆了我对记忆大师只会比赛的刻板印象。于是我报名了杨雁老师的集训营，从北京坐火车一路南下，来到了湖南跟随杨老师学习。

学习期间最大的收获，是杨老师说我"基础和天赋都很好，训练一个月就能达到世界记忆大师的标准"。但杨老师也半开玩笑半认真地说：

"中国有3类人是不可能成为记忆大师的：1.30岁以上的女人；2.有家庭的女人；3.有孩子的女人。"

听到这话，我心里凉了一半。因为仔细一对比，自己三条全都占了。我是不是注定与大师无缘了？所以，也就没再在意杨老师那句"基础和天赋好"。

直到8月，跟另一位同学聊天时提到，杨老师一直都认为我可以练成世界记忆大师，而且一个月的训练时间就够了。这种夸赞的话听多了，自己就真的相信了。因为别人都那么相信我，我为什么不能相信自己呢？

思考再三，我毅然决定认真练习竞技记忆术，争取参加世界脑力锦标赛，成为世界记忆大师。借此机会，再一次由衷地感谢杨雁老师。如果不是他的信念传递以及不断地鼓励，就没有现在的世界记忆大师刘敏。

决心

感谢自己是个行动派，说干就干。

在学习几乎所有的记忆技巧之后，我需要的是大量的练习。十天后，我的技术确实得到了大幅度的进步，当然也只局限于记忆数字和扑克。我记忆数字的水平已经稳定在5分钟200个，扑克则是1分15秒一幅。

但是自此之后，再怎么练习，我也无法进步了。这让我特别急躁，也慢慢减缓了训练的节奏。

就在我困于技术不进步时，老家打来了电话，我妈妈住院啦！她需要做一个手术，需要人照顾。于是我赶回家，一边照顾妈妈，一边照顾儿子，医院、家里两边跑。每天的生活都是忙碌的，工作、家庭、老人、孩子、训练，哪一个也不能放下。此时的我，真的感觉太难了，也终于理解为什么30岁以上有家庭的女人很难成为世界记忆大师啦！

老天眷顾那些努力生活的人，老妈很快就出院了。而此时，北京的李总也打来电话，告诉我他在天津组织了记忆大师的集训班，邀请我参加。

这时候我又陷入了迷茫。有记忆大师指导、有训练的氛围，真的是一件好事。可是，集训地在天津，这就表示我又要离开家，老人、孩子、爱人，我都照顾不上了。

左右为难之际，我爱人问我，如果你自己训练，成为记忆大师有把握吗？我说机会太小。老公又说，如果你去集训，你有多大的把握能成呢？我说"百分百"。

"那你去吧"我爱人非常地支持我！

就这样，第二天（2017年9月17日）我来到天津，见到了世界记忆大师迟永瑞以及其他集训的学员。开启了我的集训生活。

无奈

为了能让自己更加专注地训练，我关掉了手机，制订了详细的训练计划。

在迟老师的指导下，我的技术大幅提升。训练10天后，我的分数就从刚开始的2000分达到了3000分，已经接近记忆大师的标准了。

很快，"十一"将近，回不回家呢？我在心里想留在天津专心训练，但不好意思说出来。毕竟孩子也好长时间没见到我了。跟爱人沟通后，他替我做出了决定：十一长假带孩子来天津看我。

这一次相聚，又一次刺到了我柔弱的心。

听孩子的爸爸讲，十月一日很早，爷俩就出发了。那时我的儿子才3岁，却有半个月没见到妈妈了。一听来找妈妈,孩子一刻也等不及了,他们先坐大巴车、出租车,又转火车,从天津站一出来,就打通了电话。我只听见那边一直在喊"妈妈,妈妈,我怎么看不见你啊?你在哪啊?你在哪啊?"

我说了自己的位置,孩子还一直在问"妈妈在哪呢?妈妈在哪呢?"

此时的我再也忍不住了,泪水冲出眼眶。当我看到他们身影的时候,我远远地冲他们大喊:"宸宸,妈妈在这!妈妈在这!"孩子听见了,向我跑来。我紧紧抱住儿子,泪水打湿了他的衣服。

我爱人说,一路上孩子不停地问"妈妈在哪呢,怎么还看不见呢?"那一刻我突然相信了杨雁老师那句话,因为女人做了妈妈以后,孩子就成了她们心里最柔软的地方,轻轻一碰,就牵动全身。

为了不影响我训练,爱人和儿子在天津只待了一个晚上,第二天他们就要离开。送他们到火车站时,我怕儿子哭,很认真地告诉他:

"宸宸,妈妈在做一件自己想做的事。妈妈想进步,想要努力一次,成为优秀的人,成为行业里的精英。妈妈必须留在天津继续训练,你和爸爸回家等妈妈好吗?等妈妈成为了世界记忆大师,妈妈带着奖状(证书)回去看你。"

我也不确定他是否听懂了,只见他很严肃地点了点头。很意外的是,进站的时候儿子没有哭,还很开心地说:"妈妈拜拜,妈妈加油!"

他没哭,我却怎么也控制不住了。等他们进站后,我转过身在大庭广众之下哭了个稀里哗啦。当我意识到有不少路过的旅客都在对我侧目时,我赶紧擦干眼泪,快步走出了车站。我知道,我还有更重要的事情要做。

儿子回到家后又开始想妈妈,听到这个消息我的鼻子又是一酸。30岁的人难得能拼一次,想坚持很难,想放弃却有无数个借口。而我在擦干眼泪之后,告诫自己一定要坚持下去,因为唯有坚持到成功的那一刻,才不辜负老师们的鼓励,不辜负家人的支持,不辜负孩子的等待。

就这样,我再一次投入到了接下来的训练中,以迎接马上到来的比赛。

训练

训练的过程是很枯燥的,不论写出来多么多姿多彩,真正一个人坐在那里训练的时候,仍然是没有颜色的世界。我的训练时间是每天从早上8点到晚上10点。上午训练数字、下午训练扑克，晚上训练小项目（人名头像、二进制、随机词语等）。

以下是我训练过程中的一些心得，与各位读者分享。

记忆的关键是联想出图像：地点桩、数字、扑克、词语等要有图像，而且只有图像清晰，记忆才会深刻。

100个数字编码就有100个图像，编码两两联结就会有10000种不同的联想组合。记忆是否准确，就要看图像联结是否清晰。而记忆速度的提升，主要跟图像联结的速度有关。

所以，我每天训练的最主要的内容，就是练习出图和联结。（以下例子中的数字编码均以我的编码为例说明。）

第一步：出图。在随机记忆的数字表中，每2位转化成一个图像，以一页为单位。

要求：

1.快速出图像及图像的动作；

2.重复出现的编码要是一个图像；

3.革除默念，在出图的时候尽量不要读出图像的名称。

目标： 每页（1000个数字）出图能在3分钟以内完成就可以不用再练出图了。

练习量： 每天练习3~5页。

举例：

5439076294709261845189，按顺序从左到右依次在大脑出现54刀剁、93三角板扎、07锄头刨、62炉子烧、94救世主抱、70冰淇淋冰冻、92球儿砸、61红领巾缠绕、84巴士车压、51镰刀削、89芭蕉涂抹。

第二步：联结。即通过联想将2个编码图像组合成一个画面。

要求：

1.第一个编码作为主动，发出动作并作用于第二个编码。

2.第二个编码作为被动，承受结果。

3.第一个编码会对第二个编码造成影响，形态上受到损伤、变形等。

4.最好将两者组合在一起，变成一个画面。

目标： 每页（1000个数字）出图能在2分30秒以内完成。

练习量： 每天练习3~5页。

举例： 5435，54我的编码是刀，动作是剁，35的编码是珊瑚。组合在一起就是刀剁珊瑚，不是剁一下，而是一直在剁，对珊瑚造成的影响是有砍伤。

第三步：记忆。将两两联结的数字图像与地点结合。

练习方式：

1.先练习单行40个数字的一遍记忆。这项训练既能够熟练地点，又能练习速度。单行数字记忆的时间建议不超过20秒。（我训练时最快可以在13秒左右。）

2.练习3行120个数字的一遍记忆。这将用到30个地点，也就是我们自定义的一组地点。所以地点要一组一组地熟悉。3行数字记忆的时间建议不超过1分30秒。（我训练时最快可以达到50秒。）

3.练习2组地点，6行240位一遍记忆。（后期根据训练情况，以3行为单位递增。）在练习的过程中先以正确率为重点，当能一遍100%正确时，再要求自己提速。提速的过程中肯定会出现错误，可以先暂时忽略这些错误，待速度稳定了以后，再追求正确率。

按照以往的比赛标准，5分钟内能正确记忆6行240个数字，就基本达到世界记忆大师的标准了。不过最近两年的标准越来高，这就要求选手的能力越来越强。因此，根据2020年最新标准，要想有把握地成为世界记忆大师，建议5分钟能准确记忆的数字量不低于320位。

达到这个标准很不容易，需要大量且专注的训练。一上午的时间，建议至少记忆3000位数字。训练达到一定量，才能有好的效果。当然，自己的能力越强，记忆的效率也会高，耗费的时间也越短。

扑克记忆的训练与数字记忆非常类似。训练内容包括出图训练、联结训练、定桩记忆训练。

我在训练期间每天的训练量为：出图20幅，连接30幅。到了后期训练记忆之后，我还在休息时间补充增加练习。但是为了保证训练效果，每天至少要记忆50副牌（并非连续记忆）。坚持一周之后，单幅扑克记忆的时间就能达到一分钟以内了。

所以，只有经过量的积累，才能出现质的提升。在此也友情提醒大家，**当你发现自己不能进步时，一是要检查记忆方式有没有技术性错误，二是要不断增加自己的训练量。当发现自己的方法没有问题的时候，不进步的主要原因就是练习量不够。**

经过一个月的训练，我迎来了第26届世界脑力锦标赛的城市赛。有努力就有回报。在城市赛中，我稳定发挥出了自己的水平，取得了满意的成绩。十个比赛项目中，我有九个项目拿到了冠亚军，还拿到了成人组总冠军及全场总冠军的荣誉。

提升

城市赛结束后，我又迎来了新的难题。

城市赛都是短时项目，中国赛和世界总决赛以长时项目为主。这就需要更多的地点桩，而我储备的地点桩的数量是远远不够的，怎么办呢？

关键时候，总有贵人相助。另一位世界记忆大师陈仁鹏老师与我进行了交流，建议我去北京找他，并愿意亲自带着我一起找地点。因为靠自己找新的地点，时间上已经来不及了。思考再三，我来到了北京，一边继续训练，一边跟随陈老师迅速找了近400个地点。这对于中国赛来说已经够用了。

跟随陈老师学习一段时间后，我对记忆方法有了更新的认识。比如如何找地点，如何利用地点效果更好，怎么制定记忆策略更合理等。

从中国赛到世界赛改变最大的是长时项目的记忆策略，由开始的少时多次改变为"一遍过"。

"少时多次"，是通过加快联结的速度，实现多次复习，这种策略适合在图像感不是特别强的情况下应用，其要求是联结速度要快，优势是正确率相对较高；缺点是内心容易急躁，长时项目都要看4遍才能准确记忆，记忆量相对偏少。

"一遍过"，是保持匀速只记忆一遍。其特征是第一遍记忆时就要求图像清晰，联结紧密，一遍后80%以上都能回忆起来。这种策略适合在图像感比较清晰的情况下应用。正式比赛时再复习一遍（即记忆两遍），就能保证图像及其连接轨迹清晰可见。其优势是单位时间内记忆量大，记忆节奏可以很好地把握。

以上两种策略各有千秋，大家可根据自己情况灵活掌握、灵活运用。没有最好的策略，只有适合自己的策略。

收获

后面的国赛、世界总决赛，我基本发挥了自己的正常水平，顺利在第26届世界脑力锦标赛中获得了"世界记忆大师"的称号，达到了自己的目标。

回顾整个训练过程，我的感受很深，与各位朋友分享以下几点：

1.学习不仅仅需要投入，更需要专注。成绩不是单纯靠时间的累计，更需要高效率的学习和训练。

2.学习的路上不能只靠一股蛮劲低头拉车，还要多抬头问路。有教练的指导、队员的陪伴，能让训练效率大大提高。

3.所有的不可能只是给自己找的不努力的借口。相信自己，坚定信念，只求方法，不找借口。想要什么的结果就付出实际的行动和努力。

虽然最终实现了自己最初的目标，拿到了"世界记忆大师"的称号，但多少也有些遗憾。因为在整个训练过程中，我听到最多的是"刘敏，你今年成为世界记忆大师稳稳的了。"于是自己沉浸其中，有点不思进取的状态，没有去争取更好的成绩，比如特级记忆大师、国际特级记忆大师等。如果当初自己再努力一点点，争取个"特级记忆大师"的称号也不是没有可能。

另一个收获是，参加完比赛后，我发现自己在记忆专业知识时更容易把握重点，更加高效。有了这些基础，现在外出学习时都不需要记笔记，也能复述课程内容。在讲授学科记忆时，我的课堂变得更生动了，教学方式也更加凝练、丰富、灵活多变。

借用孩子的一句评价："脑洞太大，比一般人强出好几个级别！"

编外二：从三尺讲台到央视舞台

我的职业是一名记忆讲师，就算已经拿到了记忆大师的称号，也无法改变我现在的职业身份。我仍然需要每天站在讲台上，教授孩子们如何利用记忆法更好地学习，更加高效地学习。

对于像我这样一名普通的讲师来说，"CCTV"是个永远只能在电视屏幕里才能看得到的地方。然而一个神秘的电话，让我今生有机会走进了CCTV的演播大厅，与CCTV有了一次更加亲密的零距离接触。

缘起

2018年5月份突然接到一个陌生人的电话，对方自称是央视《挑战不可能》节目的编导。我当时的第一反应是"骗子"，可当对方说出是世界记忆大师杨雁老师介绍的时候，我相信了。

编导老师说有一个电视节目希望我去试一下，真的假的？

于是我和编导老师做了简单的沟通，确定要测试的项目是记忆100组号码（1100位数字）。如果我愿意，可以约时间到CCTV那边做个测试。

我本来安分的心被这个电话撩了一下，开始变得不安分了。我是不是也要成为大明星了呀？鲜花、掌声、被粉丝们围着拍照、签名。

醒醒吧刘敏，别做白日梦了！

因为自从这个电话之后，2个多月的时间没有人再跟我联系。我心想，难道还是遇上骗子了？刘敏啊刘敏，赶紧再去照照镜子吧，那么多的记忆大师都没机会，怎么会轮到你刘敏头上呢？还节目组，还央视？就算找，也会找那些有名的记忆大师啊。就算这事是真的，估计也是让我去凑个数，当个垫背的，当一次绿叶在海选的时候被光荣淘汰，最终在播出的时候能给个三五秒的镜头就烧高香了。

因此，就没把这个当成个事。自那以后，我依旧忙我的工作。

6月的一天，我再次接到编导组的电话，问我可不可以去做测试。当时我心里想，要不就去看看，如果是骗人的转身就走，哈哈。如果是真的，就当凑个数，也算是《央视挑战不可能》竞选选手了。好歹也有机会走进CCTV的演播室观光旅游一圈。

于是，就跟编导确定了20天后去测试。没想到这个决定，开启了我最最烧脑、最最虐心的一次旅行。

测试

来到了京城，进入了CCTV，感觉自己一下子就从一位小女子变成了金贵的皇后。可接下来的测试让我明白了，我来这里根本不是来当皇后的，我是来考试的。

第一次测试很简单，导演组给了我一张A4纸，上面印了密密麻麻的1100位随机数字，分为100组，每组11位。导演组要求我在30分钟的时间内完成这1100位数字的记忆，并且在记忆完毕之后，马上对这100组号码顺序打乱。导演组负责提问，要求我按记忆报出对应的号码。

对于记数字来说，我倒没觉得可怕，毕竟记忆大师的训练比这个的难度还要大，但是比较别扭的是整个记忆过程有2位编导在旁边见证，还要全程录像，录音。

你想，有2位编导加一个摄影师和一部摄像机，等于七只眼睛盯着你。你还要保持绝对的全神贯注，其心理压力可想而知。

比较幸运的是，通过全部默写，我的最终正确率大约在70%，但是听记的正确率在98%。凡是记住的号码，搜索打乱顺序、确定位置、报出号码，一般不超过3秒。这让编导们非常惊讶，他们说我的反应力和抗压力还是很好的。

到此为止，第一次测试算是顺利过关。编导让我先回去，后面有新的情况会再通知我。

反复

回来后，我就进入了夏令营。连续2个月的营地工作，让我几乎忘了还曾经参加过这个挑战。直到9月初再一次接到了编导的电话，我被邀请再次去做个测试。

这次进京，不仅做了技术测试，还聊了很多关于我的工作和生活的事儿。前前后后有四五位导演和编导跟我反复地聊，一方面是了解我的记忆方式和记忆能力，另一方面是想挖掘出我身上的故事。

经过数小时的交流沟通后，我只得到一句话"回去等消息"。

所以，就只有回去等消息了。

据说这个项目是2017年的设计，后来搁置了，2018年再次启动这个项目，编导们也不确定是否能审核通过。

生活又回到了从前，时间在忙碌中又过去了三个月。

12月，我再次接到编导的电话，说年底进行录制，让我好好准备。

这是说录就录的节奏啊！

训练

看来这回要动真格了，我真的要好好准备了。于是在电话中跟编导商量了有关节目中的一些细节。

央视作为中国媒体的标杆，一定是严谨、真实的。编导反复强调，为了能保证节目的真实性，数字肯定是由现场嘉宾随机录入的，这绝对不允许作假。也就是说，数字是不可能提前背好的，要考验真正的现场记忆能力。

那如何记忆呢，这是一个长时项目，如果站着、眼看屏幕肯定受不了，有什么办法能解决呢？我和编导商定，可以在我的座位前准备一个小电视，由我自己来控制号码的滚动，并且，可以每次只出现一个号码，这样就避免看错行。这样操作的话，对于挑战成功的把握就更大。

确定这个方案后，我就开始了真正的练习。此时离正式录制还有不到一个月。

我决定按照节目的要求来做，每天除了记忆纸面上的数字，就是看着电脑屏幕来记忆。那段时间，我每天至少要训练6个小时。虽然训练很辛苦、很枯燥，但通过训练，我发现自己的记忆能力又得到了大幅度的提升。如果是印在纸上的1100个数字，记一遍加上复习一遍的时间从40分钟不断提升到并稳定在23分钟，并且正确率几乎可以达到98%。

记忆能力上来了，但是一旦把数字转移到电脑屏幕上，记忆的时间还是很难压缩，基本上都需要27分钟，而且正确率也只有85%。这个正确率是很难达到节目要求的效果的，所以接下来提升正确率成了我必须要攻克的难关。

当找不到更好的方法时，反复地训练可能就是最简单的办法。我开始尝试只记一遍的策略，而且保证每天至少记忆5组，其中3组要看着电脑屏幕记忆。这种方法肯定提高了速度，但是正确率就下来了，通过我坚持反复地练习，不断地练习，正确率也越来越高，我对这个项目的信心也越来越大。

经过一个月的集中训练，我通过电脑屏幕记忆的时间达到了25分钟，而且正确率达到98%，偶尔还可以做到100%的正确。我终于通过自己的努力，达到了节目的要求。

满怀信心地来到节目录制现场，还没来得及展示，这样的记忆方式就被现场导演否定了。导演说看电脑屏幕会让人有怀疑，并且降低了项目的难度，必须要看着大屏幕记忆。

我的天，导演，你天天看着大屏幕，我可是第一次看这么大的屏幕啊。现场的屏幕有多大？高度超过高7米，宽度接近20米，而且全部是Led的屏幕。这不是看电影，屏幕越大越好，这是要一个数字一个数字地看着记忆。

这么大的屏幕，如果密密麻麻地显示一段文字，阅读起来都很困难，何况让我这样盯着屏幕记忆？结果是"没的商量"，我也只有服从节目的安排了。

为了让我适应看Led屏幕，编导组特意协调了道具组休息的时间，让我能有时间看大屏幕练习。Led屏幕是针孔灯，离得越近就看得越不清楚。而且由于屏幕太宽了，我站在舞台中间看两侧和中间的不同角度时，很容易产生头晕眼花的感觉。当看到屏幕中间时就感觉屏幕凹凸不平，数字都在跳动。刚开始训练时，由于长时间仰着头，目不转睛地盯着屏幕、而且还要保持高度的专注。这种高强度的训练让我出现了强烈的眩晕和不适感，第一次练习没能坚持到最后，我居然晕倒了。

怎么办呢？导演组很着急，我更着急。

苦苦准备了一个月，付出了那么多的时间和努力，不能就这么失败了。就这么放弃回去？那不仅是没面子，而且对自己也是一次沉重地打击。

绝不就此放弃，再大的困难也一定有办法解决。于是我当机立断，立刻从网上买了一台投影仪，准备自己在宾馆的房间里苦练。由于宾馆的房间只有卫生间里有白色的可用来投影的墙面，所以我开启了整天都待在卫生间里看着投影记数字的生活。

我利用投影把1100位数字投影到卫生间的墙上，并且将屏幕尽可能调整到最大。由于节目录制时是要求站着的，所以我每天都要在卫生间里站好几个小时。由于卫生间空间有限，根本没有活动的空间，感觉每次训练下来腿都不能弯曲了。但为了能够挑战成功，我还是咬牙坚持了下来。

录制

终于迎来了录制。

录制当天见到了撒贝宁、董卿、孙杨、李昌钰博士。现在想来太可惜了，当时只想着如何做好挑战，也没来得及去跟各位评委拍个照、讨个签名。

在长达30分钟的记忆过程中，现场的观众和嘉宾并没有对我造成干扰，整个记忆过程中没有制造任何噪声。可见CCTV不仅嘉宾的素质高，观众的素质也是如此之高。在此对大家的配合和支持表示感谢。

但尽管如此，干扰还是存在的。除了Led屏幕的眩晕感，还有来回移动的摄像机的干扰。因为有很多的镜头从不同的角度进行拍摄，有从上往下的，有从下往上，有从侧面拍，有从后面拍的。每一次有镜头靠近或者离开，对我来说都是干扰。

但我很快就进入了状态，就像当年参加世界脑力锦标赛时一样，只要自己心无杂念，一切的干扰就都不复存在了。我觉得这就是训练的最高境界——"注意力高度集中"。在后面的记忆过程中，我逐渐忘记了身后还有四百多双眼睛盯着我，忘记了还有好几部摄像机的镜头对着我。在那紧张的30分钟时间里，我眼前只有屏幕上的数字和大脑中的地点。

不得不说，记忆宫殿真的是一种神奇的方法。当我告诉自己，把编码摆放在地点桩上，它们真的就在那，当我从头记到尾的时候，它们依旧在，不曾离开。

30分钟的时间，1100个数字，我成功记完了两遍。在复习第3遍时，只看到了一半。虽然两遍记忆对我来说已经可以做到接近100%的正确率了，但为了确保万无一失，我没提出记忆完毕，而是选择继续记忆第3遍，直到时间截止。

后半程的听记打乱也是这个项目的难度之一。因为不能看，只能听，而且只有一次机会。如果仅仅是听记，且体力脑力充足的情况下，这对我来说不算太难。这跟我日常的练习有关，每次开课前，我都会给学生们展示记忆随机数字，很多时候也是听记的。世界脑力锦标赛上也有听记数字的训练项目。

但是，我在之前已经高度集中精力30分钟并记忆了1100位数字，所以这个过程对我的体力和脑力提出了更大的挑战。我告诉自己，一定要坚持住，因为挑战的机会只有一次！

还好，我成功记住了100组任意打乱的顺序。

"人脑电话簿"这个项目是当时录制时间最长的一个，从开始到结束总计2个半小时，其中，跟评委们进行沟通交流的时间就有大约50分钟。

在此必须要提一下董卿老师。我之所以称她为"老师",是真的打心眼里崇拜她、佩服她。她说话的声音、语气、语调让我感觉非常亲切,录制节目的紧张感也没了。

与嘉宾之间所有交流的内容都不是之前设计好的。为了让节目看上去不仅有难度,还有温度,我们要现场讲出自己的故事。这些故事有泪点、也有笑点,面对不知说什么的我们,董卿老师一步一步地提问,一点一点地挖掘,才有了那段经典的点评。

董卿:"记忆真的是一件很奇妙的事情,我们可能没有办法成为像刘敏这样的记忆大师,但是我们可以像晓军这样去付出爱、收获爱、记得爱,成为一个爱的记忆大师,成为一个生活里的幸福的人。"

(注:上文中董卿老师所说的"晓军",是指我的爱人刘晓军。)

如果没有足够的舞台经验,没有强大的文学素养,是说不出这样既有温度,又有内涵的话的。像董卿老师这样的女人,真的值得我们用一生的时间去学习。

整个节目的录制过程还算顺利,我最终也得到了董卿老师、孙杨评委、李昌钰博士的支持,全票通过,顺利进入荣誉殿堂,成为了荣誉殿堂选手。

借写下这本书的机会,我真心地感谢央视《挑战不可能》节目组的编导、导演及每一位工作人员的关心和帮助,因为你们的辛勤付出,我才有机会站在这样的舞台上,通过电视给全国的观众表演这样的节目。

谢谢你们!

(刘敏老师在《挑战不可能》节目现场)

花絮

在第一次适应Led屏幕晕倒后,我开始在宾馆的卫生间里大量地练习。编导组每天都会问我的训练情况,他们也知道我特别紧张,就不断地安慰我,还给我多调整了3次的实地练习的机会。编导们告诉我说,一切的结果都是以前的积累,千万不要给自己的太大压力。之前有很多的记忆大师来到《挑战不可能》的舞台,却在最后上场环节由于心态不稳直接崩溃。编导们不断给我树立信心,跟我反复强调不要想太多,只要按照自己训练的节奏专心做好自己的事就行。

为了能让自己有一个好的心态,在等待录制期间,我的爱人晓军特意带我到游乐场、商场逛了一圈。逛逛街,玩玩游乐设施、购购物,买点好吃的,这样一来我的紧张情绪就缓解了很多。我也不断调整自己,看淡得失,告诉自己重在参与。慢慢地,自己的心态就平和了很多。

录制当天,说不紧张那是假的,开始录制前我几乎是每5分钟上一次厕所,主持人撒贝宁都已经上场了,我又去了一次厕所,然后在编导眼光中一路小跑上台,似乎只有通过反复地上厕所和小跑才能缓解我的紧张感。

节目播放以后,很多朋友和家人都发来了消息,说后面我和晓军的那段"真情告白"太感人了。在这里我很认真地告诉大家,这可真不是作假。

导演组给了晓军同学3句台词：

> 主持人好！
> 三位嘉宾老师好！
> 现场和电视机前的观众朋友们大家好！我是刘晓军。

在主持人说出"有请刘晓军上台"前，主持人撒贝宁已经去了后台准备，台上只剩下我和三位嘉宾了。晓军同学上台后的第一句话是"主持人好！"，可是这时候主持人撒贝宁已经不在台上了，那该说什么呢？晓军同学上台后直接蒙了，他自己说当时脑子里只记得下一句台词中有个"三"字。于是他拿着话筒，连说了好几个"三、三、三……"，后来还是在我的提醒下，终于说出了"三位嘉宾老师好！现场和电视机前的观众朋友们大家好！我是刘晓军。"

话还没说完，全场哄堂大笑。据编导们说，这是他们录制这么多年以来，唯一一位上台第一句就卡住结巴的。

下场后，老公还在耿耿于怀"主持人怎么就走了呢？！哎……"。直到听到大家都说："你的表现成功缓解了大家录制的疲惫感！"他才慢慢释然。

自此之后，"三、三、三"也成了我和晓军之间的一段美好回忆！

编外三：从竞技比赛到舞台表演

记忆法有三个大的技术方向：**学科应用、比赛竞技、舞台表演。**

这三个方向是各有千秋的。

学科应用重在解决学科知识的记忆问题，其能力是隐性的，拥有这种能力的人并不能成为明星，但能帮助自己学到更多的知识，取得更好的成绩。

比赛竞技方向的人才就如同运动员，他们的能力只展现在比赛场上。一旦拿了冠军就可以天下皆知，一夜成名。但比赛竞技也有很大的局限性，比如要求环境要安静，必须按照既定的规则进行比赛等。一旦进入不可控的嘈杂环境，或者随意改变一下游戏规则，就不太容易发挥出自己水平。另外，比赛竞技还有个最大的缺点，就是整个过程太单调，难有观赏性。

近几年刚刚兴起的一个方向就是**舞台表演**方向。这个方向完全是为了表演而专门设计一些规则和方法。目的就是通过表演向观众展示自己超牛的记忆能力。为了让表演看上去更加精彩、更加紧张、更加刺激，节目方往往会对表演过程和表演形式进行一些专门的包装，以增加节目的效果。

接下来，我就跟大家聊一聊那些看上去特别精彩的记忆类表演节目。

1.《新郎新娘配》

项目介绍：在江苏卫视某节目的国际挑战赛中，有一个节目叫《新郎新娘配》。节目中在舞台上共有51对新人（共102人），把他们的顺序打散后随机重新排列。然后由两位选手同时进行记忆，看谁能够最快记住新郎新娘的排列顺序。

项目解密：正所谓外行看热闹，内行看门道。节目播放之初大家都被2位神童的表演吸引了，并由此展开了中外教育的讨论。而作为已经是记忆大师的我却一眼就看懂了这个节目的记忆技巧。

这个项目看上去场面宏大。当51对新人上台后，产生的舞台效应给大家的视觉造成了巨大的冲击。尤其是在任意打乱顺序的那一刻，人流涌动，大家会觉得"好乱啊，人好多啊，这怎么记啊"等疑问，并因此对挑战者产生了钦佩之情。

但如果大家有仔细观察，就会发现一个奇怪的现象：打乱后新郎新娘的站位是有一定的特点的，他们每3个人站在一起，每6个人站成了一个小组。而且，游戏的规则是只需要记住是新郎还是新娘就可以，不需要记忆新郎新娘的长相等其他信息。

熟悉记忆比赛的朋友都知道，在十大比赛项目中有一个项目叫做"2进制数字记忆"。即需要记忆的数字只有0和1。（如下图）

```
100101101001010101010010101101000101
011101010101010101010100100101011001010
101010010001011011010010001110100100100
110100001110100101001010010101010
111010010010101001010010101010101
0011101010000111001010010110010110101
```

这里先简单说一下二进制数字的记忆策略。

二进制的记忆，是将3个二进制数字转化成1个十进制数字，6个二进制数字转化成2个十进制数字。即每六位二进制数转换成一个两位的十进制数，也就是一个数字编码。

二进制转十进制的规则：

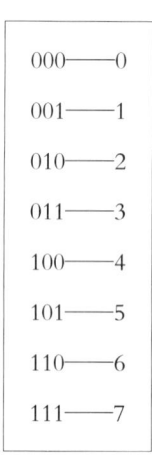

```
000——0
001——1
010——2
011——3
100——4
101——5
110——6
111——7
```

有了上面的转换规则，任何的二进制数都可以转换成十进制数了。

如：001101011100111010101010101010110101101111001就可以转换成

001-101	011-100	111-010	101-010	101-010	101-011	010-110	111-001
15	34	72	52	52	53	26	71

按照前面几章中的知识，上面的这串数字只需要四个地点桩就可以记忆下来了。

明白了二进制数字的记忆原理之后，这个项目就可以选用二进制的方法进行记忆了。

记忆策略：我们定义新娘为0，新郎为1。

这样记忆新郎新娘的顺序就变成了记忆一串二进制数。

比如：24位新郎新娘的站位如下：

新郎、新娘、新郎；新娘、新郎、新娘；新郎、新娘、新娘；新娘、新郎、新郎；新娘、新娘、新娘；新郎、新郎、新娘；新娘、新郎、新郎；新娘、新娘、新郎，

转化的二进制数字是：101-010、110-001、000-111、011-001；

转化的十制数字是：52、61、07、31。

也就是，只需要用两个地点桩就可以记住这24位新郎新娘的顺序了。

明白了这个原理，是不是觉得这个节目的难度其实也没有很高啊？

总结：《新娘新郎配》是转化成二进制记忆。大家也可以根据这个原理，自己设计一些看上去特别厉害的记忆类表演项目。比如将100粒或者更多粒围棋的黑白子任意摆成一排，按顺序记忆它们的顺序，又比如记忆男生女生、对错、合格不合格等。

2.《手机锁屏密码》

项目介绍：《手机锁屏密码》是由现场100名观众在100个手机上随机设置锁屏密码图形，挑战者只看一次记下密码。随后嘉宾任意挑选手机，选手凭借记忆解锁。

项目解密：这个项目对大家来说也具有迷惑性。规则里说的是每位观众在手机上绘制图形密码，大家的重点往往放在图形上，其实对于专业记忆选手来说，这个项目是最容易解密的。因为屏幕上绘制的图形都是可以按照数字排列顺序推测的。也就是说，记忆过程中根本不是记图像的样子，而是看对应的数字及数字的顺序，换句来说也就是记忆数字。

记忆策略：按照图像绘制的顺序，找出起始点、经过以及拐点所对应的数字，将图像转化成一组数字后再用手机编号做数字定位。

比如：第一部手机的图形如左下图：

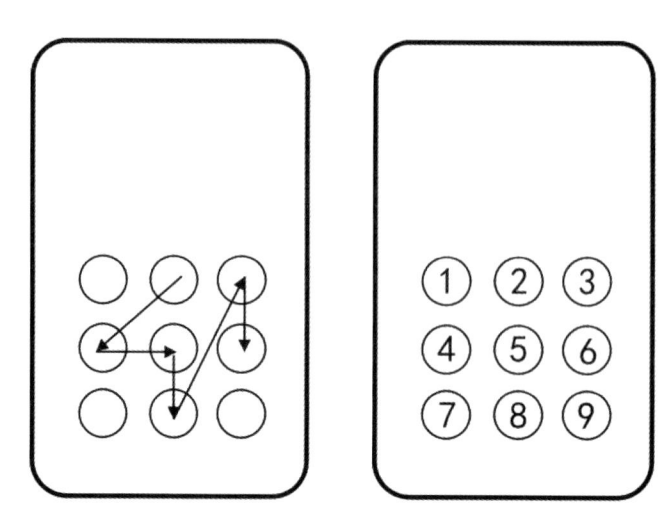

右上图是我们虚拟定义的数字的位置，根据这个位置，我们可以把左边观众设置的图像密码转换成数字"245836"。

再把第一部手机定义为编号"01"。然后这部手机的编码记忆内容就变成了记忆数字"01245836"。

总结：这个项目没有很大的迷惑外衣，很容易让大家想到记忆的方法。但是记忆的难度却是很大的。难度一，选手只有一次记忆机会，没有复习和回看的机会。难度二，需要连续记忆100组数字，记忆量大，对脑力和体力都是很大的考验。难度三，因为观众设置的图形解码密码完全没有限制，所以生成的对应的数字编码的长度是不固定的，这对记忆来说也增加了难度。

但总的来说，对于记忆大师，因为之前接受过马拉松数字记忆的训练，在一小时内记忆这1000位左右的数字还是完全可以做到的。

3.《人眼扫描仪》

项目介绍：二维码记忆。要求记住102个手机号码所对应的二维码。

项目解密：电话号码的记忆方法相信大家已经清楚了，就是把号码转变成数字记忆。而二维码属于图像记忆，且二维码都是由不规律的黑块组成，该怎么记呢？其实只需要转化成我们熟悉的信息，比如"数字"就可以。

以下策略仅供参考。

通过观察可以知道，二维码都是正方形，且三个角上都是大黑块，不同二维码的区别就是图像内小块的排列顺序。如果我们能找到同一个位置上黑块的不同，就能发现图像之间的区别。

二维码是正方形，我们可以从4条边来观察，数出每边的块数，并记录相应的数字。一个二维码就转变成4个数字。如果发现有重复的，就利用同样的策略找里面一层的区别。这样就增加了2个数字，区别也能更大。

电话号码102个，对应的数字量为1122个，对应的二维码的数字量为408~712个。所以这个项目的本质是数字记忆，一个半小时内要记忆大约1700个数字。

记忆策略：

第一步，找到102个记忆宫殿的位置。

第二步：把11位的电话号码去掉开头1，转变成数字。

第三步：把二维码图像转变成4~6位数字。

第四步：将所有的数字和地点进行联结。

比如：电话号码为18679437829，其二维码图像为

第一步：我们定义地点为电脑桌。

第二步：电话号码去掉开头1，对应数字是8679437829，转化成图像是86八路军、79气球、43石山、78青蛙、29二乔。

第三步：上方的二位边上黑块的对应的数字是2、3、4、1。在这里大家要注意，不论黑块的大小，只数块数，3个角的大黑框不算在内。2341对应图像编码是，23乔丹，41司仪（话筒）。

第四步：地点和数字进行联结。站在电脑桌上，八路军把气球捆绑在石山上，里面跳出一只青蛙，背上驮着二乔。二乔手牵着乔丹去话筒前演讲。

备注：一个地点上联结的数字比较多，102个地点联结的数字量就更庞大了。为了避免出错，还可以借助于大小地点法。在地点中再找小地点。比如电脑桌，可以找桌子上的电脑为一个地点，桌子的抽屉是一个地点。电脑和电话号码联结，抽屉和

二维码图像联结，这样号码和二维码提取的速度能大大提高，并且记忆起来也能轻松一些。

对于二维码的记忆，如果大家还有更好的方法，欢迎交流指导。

编外四：我眼中的"记忆大神"

刘敏老师留给我最深的印象，是她第一次学会摇骰子时的"哈哈"大笑。

那是在我们组织的一次个人魅力提升培训课上。刘老师训练了几分钟后，发现自己真的可以像赌神一样潇洒地用骰盅把骰子立起来。那一瞬间，她那种发自内心的、情不自禁的、旁若无人的、略有狂放的、穿破苍穹的大笑，成了她留在我印象中"记忆大神"的标志。

大神是个学习非常认真的人，在我们的培训过程中，她会认真地用思维导图记笔记。（这里划一下重点。因为凡是用思维导图记笔记的人，要么是正在学习和练习思维导图，要么是已经掌握并习惯了用思维导图。显然刘大神是后者。）因为很多是实操类的课程，刘老师还画了好多的示意图。从这些习惯上看得出，刘老师有着非常严谨的学习态度和非常踏实的学习习惯。

刘敏老师还有一个最大的特点，就是一点儿记忆大师的架子也没有。一同上课学员中，有很多记忆界的小白，在得知刘老师是记忆大师后，每天都围着她问很多非常简单的问题。刘老师都会非常认真而且非常开心地给这些小白们认真地讲解。（这里再划一下重点，这里修饰词是"开心地"而不是"耐心地"。这是有区别的。足以说明刘老师是打心底里乐意帮助别人，而不是碍于情面而不得不去做。）刘老师的这一点，非常值得我去学习。因为我对于那些非常白痴的问题，实在是不想回答。每当我遇上这种问题，虽然我口头上假装很认真地回答，但是心里真想说一句"这种弱智的破问题自己百度去！"看来在修行方面，刘老师已经甩我好几条街了。

可能是因为和刘老师都是山东人的缘故，我对她难免多了一份老乡的亲切感，于是话题不免会多一些。刘老师是个性格非常开朗的人，尽管她在后记中说自己性格内向，但与她交流起来一点也不显得拘谨。你问出的所有问题，只要她知道的，都会毫不保留地倾囊相授。也正是因为她这种坦荡的性格，我才有机会大胆提出与她合作出版这本书，以借"记忆大神"的光芒，来为自己增加一点亮度。

经过我们俩近一年的努力,这本书终于要跟读者朋友见面了。

如果读完之后,你觉得这本书上的知识和方法对您有所帮助,那是刘老师的功劳。如果说这本书上有哪些让你在阅读时感觉非常不舒服的地方,那都是我的错。在此欢迎读者朋友及各位专家、前辈、同行、老师多多批评指正。(我的微信:297094257)

能与刘敏老师合作出版此书,此乃三生有幸。再次对"记忆大神"表示感谢!

感恩!膜拜!

最后,感谢在此书编辑过程中为我们提供照片、插图的诸位老师,感谢脑力培训界的诸位专家、前辈的指导,感谢诸亲朋好友的帮助。更感谢本书编辑郝珊珊女士对我们的信任,才让此书有机会得以与大家见面。

水平一般、能力有限,唯一能做的,就是更加努力,写出更多的书,以谢天下。

2021.05.20

后 记

我是刘敏。我从一家公司的普通客服,到后来站上讲台成为记忆讲师,再到走上世界脑力锦标赛总决赛赛场成为世界记忆大师,一直到有机会走进CCTV《挑战不可能》的演播大厅成为记忆大神。

我长相平凡,性格内向,曾经有多少次失去了方向,曾经有多少次被残酷的现实扑灭了梦想。如果没有记忆法,或许我这一辈子就在平淡中度过了。很庆幸我结识了记忆法,找到了爱好。更庆幸的是,我把这个爱好变成了自己的职业。

自2012年开始从事记忆教学至今,在记忆能力不断提高的同时,我的人生价值也在不断地提升。我从一位职场小白通过自己的不懈努力,逐渐地成长为企业创始人。这一切源于记忆法。

学习记忆法成为我人生的转折,让我不再感到迷茫,让我的生命得到解放,也让我有更多的机会飞得更高,看得更远。因为学会了记忆法,我想要让生命绽放,像飞翔在辽阔天空,像穿行在无边旷野,像矗立在彩虹之巅,像穿行于璀璨星河。

今天,当写下这篇后记的时候,我知道可能就在不久的将来,我又要多一个新的身份——"作家"。说来也惭愧,在我的印象中,作家应该是那种才华横溢、满腹经纶的样子。而我,写出来的东西却是如此的生涩枯燥,甚至还有些语法不通。也真是难为了能坚持读到这里的读者朋友们。所以,我充其量算是个作者,"家"字就别往我的头上扣了,我真的受之有愧。

但我仍然坚持把这件事做完,并尽我的最大努力做好,做得优秀。我只想告诉我自己,也告诉更多的人:

只要你愿意,只要你还有梦想,只要你不放弃努力,坚持并尽全力做好每一点、走好每一步,你的梦想一定能实现!

不论是专业技术水平,还是文学素养,国内在我之上者数不胜数。但我希望通过这本书,通过我的一些经历,带给你一些新的感受,或许能让你生命的轨迹也发生一些小小的改变!

鉴于我个人水平有限，本书中难免出现错误或不当之处，恳请各位读者、专家、前辈、老师批评指正。（我的微信：liumin530634474）

最后，借本书出版之际，感谢杨雁老师、迟永瑞老师、陈仁鹏老师在训练期间的专业指导和热心激励，感谢我的爱人刘晓军、儿子宸宸以及母亲对我的支持和无私付出，感谢一路走来各位亲朋好友对我的帮助，感谢我的学员及家长朋友对我的信任。有了你们的关爱，才有了今天的我。感谢石伟华老师指导我如何更快速高效地完成写书这样的大事，并不辞辛劳地帮我润色和修改书稿。更感谢本书编辑郝珊珊女士对我们的信任，才让此书有机会与大家见面。

感谢记忆法，让我们结缘。

我是刘敏。

2021.05.21